福建省教材建设重点研究基地资助

细胞与显微技术实验

叶　军　靳全文　编著

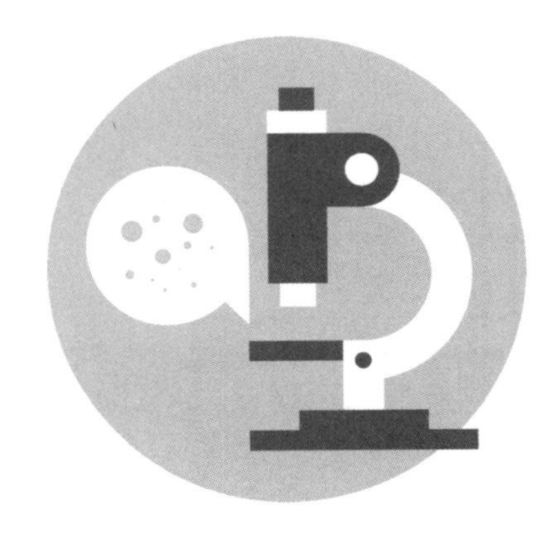

厦门大学出版社
XIAMEN UNIVERSITY PRESS
国家一级出版社
全国百佳图书出版单位

图书在版编目(CIP)数据

细胞与显微技术实验 / 叶军，靳全文编著. -- 厦门：厦门大学出版社，2024.2

ISBN 978-7-5615-9269-4

Ⅰ. ①细… Ⅱ. ①叶… ②靳… Ⅲ. ①细胞-显微结构-试验 Ⅳ. ①Q246-33

中国版本图书馆CIP数据核字(2024)第017926号

责任编辑 李峰伟
美术编辑 李嘉彬
技术编辑 许克华

出版发行 厦门大学出版社
社　　址 厦门市软件园二期望海路 39 号
邮政编码 361008
总　　机 0592-2181111 0592-2181406(传真)
营销中心 0592-2184458 0592-2181365
网　　址 http://www.xmupress.com
邮　　箱 xmup@xmupress.com
印　　刷 厦门市金凯龙包装科技有限公司

开本 720 mm×1 020 mm 1/16
印张 7.25
字数 110 千字
版次 2024 年 2 月第 1 版
印次 2024 年 2 月第 1 次印刷
定价 25.00 元

本书如有印装质量问题请直接寄承印厂调换

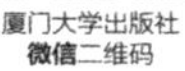

厦门大学出版社
微博二维码

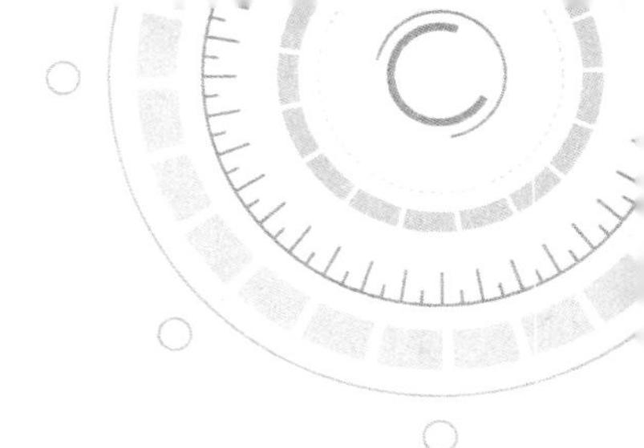

前　言

长期以来，厦门大学生命科学学院（简称厦大生科院）各专业实验室的老师都反映，进入实验室进行本科毕业设计的学生实验技能薄弱，操作不规范，实验习惯不佳。为弥补上述缺陷，厦大生科院于2015年开设了科研训练课程，要求大三学生用一年的时间进入各专业实验室进行实验技能的培训，而常规的基础实验课程主要培养学生的操作规范和实验习惯。“细胞与显微技术实验”是厦大生科院基于此目的开设的系列实验课程之一。授课对象为大学一年级本科生，3学分，总课时为96。主要内容是以显微观察为中心，使用多种显微镜进行一些初级的验证性实验，包括样本制备、细胞计数、细胞染色等。课程的目的是使学生能充分理解细胞与显微技术的基本原理，熟练掌握试剂配制、各种显微镜以及相关仪器设备的使用方法和操作规范等，在此基础上能综合运用所学知识，分析和解决实验过程中遇到的各种问题，为大三阶段进入各专业实验室进行科研训练奠定基础。

全书共包括19个实验，涵盖了多种显微镜的使用方法、细胞计数和细胞大小的测量、免疫组织化学、石蜡切片技术等。参加编写的人员都是从事教学与科研工作多年的教师，具体编写

安排如下："细胞与显微技术实验安全规定"和"'细胞与显微技术实验'课程实验习惯评定方法"由厦大生科院实验教学中心编写；"相差显微镜和暗视野显微镜的使用"、"细胞荧光染色观察与荧光显微镜的使用"和"动物细胞线粒体的活体染色与油镜观察"由余娴文老师编写；"细胞核与线粒体的分级分离（差速离心法）"、"叶绿体的分离与观察"、"植物细胞液泡和细胞骨架的染色与观察"、"兔血细胞的计数"和"鸭血细胞大小的测量"由靳全文老师编写；"人类细胞巴氏小体的观察"和"肿瘤细胞骨架的荧光显微镜观察"由莫萍丽老师编写；"细胞染色体标本的制备与观察"、"红细胞膜渗透性观察"、"细胞融合观察"和"细胞凝集反应"由黄秋英老师编写；"石蜡切片法"和"冰冻切片法"由江良荣老师编写；"组织化学——小鼠肝核酸染色（福尔根反应）"、"组织化学——小鼠肝组织糖原染色（PAS反应）"和"免疫组织化学——小鼠肝脏组织血管的DAB显色"由叶军老师编写。本书在编写过程中得到了厦大生科院实验教学中心的陈祥仁、王立红、卢明科、李雪松、赵扬、吕良炬等老师的大力协助，本书中展示的实验结果图片也都是厦大生科院历年本科生的实验结果，在此一并感谢。

本书可供国内各大专院校生物科学及相关专业的教师和学生参考使用。由于本书的定位是培养学生的操作规范和实验习惯，实验内容不追求大而全，一些较为复杂的实验并未编入本书。此外，由于编者水平有限，本书难免存在不足，恳请使用本书的教师和学生给予批评指正。

编著者

2023年6月

目 录

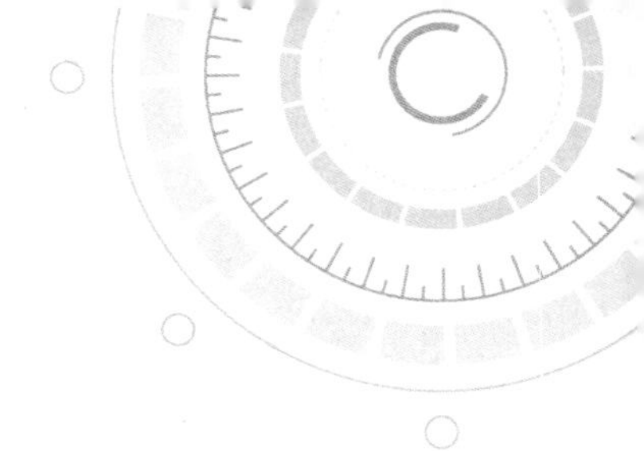

细胞与显微技术实验安全规定

实验室是一个比较特殊的环境，人员密集，有各种药品试剂、仪器设备以及用电等多种安全隐患因素，实验过程中疏忽大意或操作不当，容易引发安全事故，造成重大损失。为了保证“细胞与显微技术实验”课程安全有序进行，防止各种意外伤害事故和设备损坏事故的发生，参照《厦门大学教学实验室安全规定》及《厦门大学学生实验守则》，根据实验教学示范中心实验室管理的特点，坚持“立德树人、三全育人”的教育理念，按照实验室“整理（seiri）、整顿（seiton）、清扫（seiso）、清洁（seiketsu）、素养（shitsuke）、安全（security）”6S 管理，要求学生进入实验室开展细胞与显微技术实验时，必须遵守以下基本规定：

1. 要把安全放在首位，时时树立“安全第一，预防为主”的安全意识，保持警惕，包括防火、防触电、防溢水等。只有具备了一定的安全知识和安全意识，当危险来临时才能够及时感知，将安全事故隐患消灭在萌芽阶段。

2. 实验室配备了一些安全防护及应急设施，如消防栓、紧急喷淋器、烟雾报警器、洗眼器、灭火器、通风橱等。同学们初到实验室，首先要熟悉这些安防设施和水电开关的操作方法，出现异常情况时能够及时采取相应的应急处理和自我保护措施。

3. 使用仪器设备时，严格按仪器操作规程和老师的指导正确使用仪器，爱护实验仪器，规范操作显微镜。时刻注意用电安全，接或拔插头时手要干燥，绝不可用湿手开关电闸和电器，不要用双手同时接触电器。仪

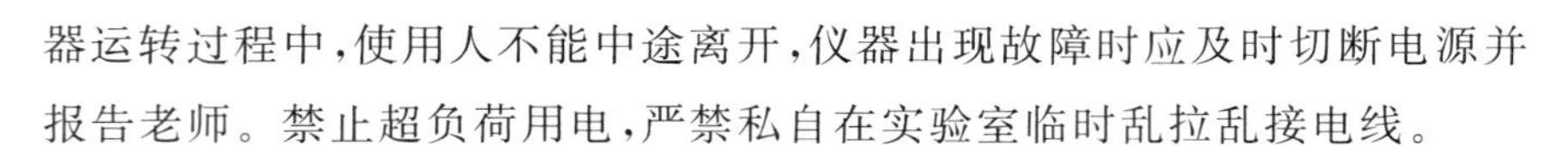

器运转过程中，使用人不能中途离开，仪器出现故障时应及时切断电源并报告老师。禁止超负荷用电，严禁私自在实验室临时乱拉乱接电线。

4. 进入实验室需穿长袖实验服，严禁穿短裤、背心或裙子，严禁赤脚、穿拖鞋等。不得将与实验无关的物品带入实验室，严禁在实验室饮食（每层楼都设有学生休息区，可在休息区饮食）。书包放置在休息区的书包柜内，切勿带到实验室。

5. 严禁做一切与实验项目无关的工作，加强安全意识，互相监督，互相提醒，以避免不必要的人身伤害发生。不得在实验室喧哗、打闹、随地吐痰、乱扔纸屑和其他杂物。

6. 实验操作要规范，所有的染色操作都要在托盘内完成，请勿在显微镜室制片及清洗玻片。宰杀实验动物时要戴防护手套，防止被动物抓伤、咬伤。实验后的动物尸体要放入指定的垃圾袋中，最后统一交给学校实验动物中心回收处理。

7. 取用有毒、易燃易爆和刺激性试剂时须在老师指导下操作，并做好必要的防护措施。实验废液按要求收集到指定的废液桶里，严禁将有毒、有害或腐蚀性废液直接倒入水槽。

8. 其他实验垃圾要放入指定的废物缸、回收盒或垃圾桶中。盖玻片用后要放入盖玻片回收盒内，请勿丢弃在水槽内。实验垃圾由当天值日生统一收集并做好分类回收，严禁随意倾倒。

9. 实验结束后，将实验仪器设备、用具等放回原处，整理干净实验场地，值日生要做好卫生，保持实验室环境整洁。最后离开者要关闭水、电、门、窗，经实验室负责老师检查合格后，方可离开实验室。

10. 实验过程中若发生自然灾害或其他突发事件，参照厦门大学生命科学国家级实验教学示范中心实验室应急指南的相关预案，进行及时处理。

“细胞与显微技术实验”课程实验习惯评定方法

为了培养及规范学生良好的实验习惯，生命科学国家级实验教学示范中心制定了“细胞与显微技术实验”课程实验习惯评定方法，课程总分（100 分）中有 10 分为实验习惯成绩。实验习惯具体评定方法如下：

第一条　实验课迟到者，扣 1 分。

第二条　无故缺席实验者，扣 3 分。

第三条　不穿实验服、不挂胸牌做实验者，扣 1 分。

第四条　不写实验记录者，扣 1 分。

第五条　实验结束后，不整理桌面，不将使用的器材清洗、整理干净并归位者，扣 1 分。（特别提醒：载玻片可重复使用，应洗净归位；盖玻片用后放到水槽边的盖玻片回收盒内，请勿丢在水槽内，以免堵塞下水道。显微镜室注意防潮，请勿在显微镜室清洗玻片。取下的显微镜罩折好放入相应的抽屉中，用过的擦镜纸放在实验桌上的废弃擦镜纸回收盒里。）

第六条　向水池扔堵塞下水道的废物者，扣 2 分并赔偿相应损失。

第七条　使用仪器设备未按要求操作造成仪器损坏者，根据损坏情况扣 2～5 分并按仪器损坏赔偿制度给予赔偿。（摘取镜罩请小心，以免将目镜带下。）

第八条　使用酒精灯、电磁炉等造成实验台面损坏或使用强酸、强碱等溶液腐蚀实验台面者，扣 2 分并赔偿相应损失。（吸水纸使用后直接丢弃在架上的废弃物回收罐中，不要丢在桌面上。在做石蜡切片实验时，也应注意不要使石蜡污染桌面。）

第九条　使用仪器后不按要求填写仪器使用记录者，扣1分。（显微镜使用结束后，应按要求填写使用记录，任课老师验收并签字后方可离开。）

第十条　值日工作不认真，不整理实验所使用的仪器和实验台面者，扣1分。不参加值日生工作者，扣2分。（每次实验根据需要由班长安排值日生，共同完成值日工作。值日做完后应在各实验室的值日生登记本上登记，待任课老师签字后方可离开。）

第十一条　实验操作过程中，不按操作要求称量、移取试剂，造成仪器损坏或试剂污染，扣5分并赔偿相应试剂费用。

第十二条　未经过老师允许，擅自开储藏间抽屉、柜子者，扣1分。

第十三条　实验课堂中接听手机者，扣1分。

第十四条　其他违反实验室有关规定者，根据实验情况做出相应的处理。

第十五条　对实验习惯表现突出者给予1～5分奖励。

第十六条　学生实验习惯评定成绩为0分的学生必须重修该门实验课程。

注：实验习惯成绩最高分为10分，最低分为0分。

其他提示：

1. 本学期的课程进度表贴在通知栏上。实验报告要求统一用纸（也可在中心主页上下载，http://121.192.179.196/lifelab/Soft/ShowSoft.asp? SoftID=20）。

2. 严禁在实验室饮食。

3. 实验器材请小心使用，如有破损应登记，并扣一定的实验习惯分。

附：需填写的记录本

1. 学生迟到自签簿

2. 值日生完成情况登记本

3. 易耗品损坏登记本

4. 仪器损坏登记本

5. 实验室开放记录本

实验一　相差显微镜和暗视野显微镜的使用

一、实验目的

(1)了解相差显微镜和暗视野显微镜的基本原理和结构特点。

(2)比较活细胞与固定后细胞的形态差异。

二、实验原理

1. 相差显微镜的背景介绍

众所周知,人类感知外部环境最重要的感觉器官是眼睛;但人类的眼睛能感受到的仅仅是波长范围在400～700 nm之间的可见光部分。这些可见光,被人类的大脑解读为“白光”,是由波长较短的蓝紫光,以及波长较长的绿、黄、橙、红等各色光混合而成的。光在传播过程中,强弱的变化和波长的变化,可被人类的眼睛以强弱变化和颜色的差异识别;而光的其他属性,如光在传播时相位的变化,或者光波振动角度的改变,这些信息是无法被人类的眼睛感知到的。显微镜的发明和使用,解决了人类眼睛的观察局限性问题;显微镜最重要的作用是可以将被观察样品所反射的光的信号变化转化为人类眼睛可以识别的强弱变化或者颜色变化,便于研究人员获得样品的更多信息。

在使用显微镜时，分辨力、可见度（对比度）、放大倍数这3大要素决定了所要观察物体图像质量的优劣。其中可见度（对比度）指的是物体与物体所在的背景的区分度。生活中有许多例子说明当物体与其背景的可见度（对比度）差异不足时，如浸没在透明液体中的透明隐形眼镜片，或者在热带雨林中穿着迷彩服的士兵等，这些被观察物体将不容易被识别。大小约为100 μm的物体，与其所在背景的可见度（对比度）差异要在20%以上，才可被观察到。

在显微镜观察中，具有足够的可见度（对比度）差异的生物学样品，往往可以得到更好的观察效果，这些生物样品自身带有颜色或者经过带有发色基团的化学试剂染色处理。但是，自身不带颜色或者未经染色处理的生物样品（如活的细胞），由于细胞各部分的折射率和厚度不同，光通过这些样品时，直射光和衍射光的光程就会有差别。随着光程的增加或减少，加快或落后的光波的相位会发生改变（产生相位差）。光的相位差不能被人类眼睛识别，因此活细胞的形态和内部结构难以被分辨。

20世纪30年代，荷兰科学家弗里茨·塞尔尼克（Frits Zernike）发明了能解决无色的生物样品观察问题的显微镜，即“相差显微镜”。它是一种能将光线通过透明标本细节时所产生的光程差（即相位差）转化为光强差的特种显微镜，从而使原来透明的物体表现出明显的明暗差异，对比度增强，使我们能比较清楚地观察到普通光学显微镜和暗视野显微镜下看不到或看不清的活细胞及细胞内的某些细微结构。

2. 相差显微镜的成像原理

当光线进入显微镜的样品时，一部分直射光以直接的无偏差的方式穿过样品成像，形成背景的图像；另一部分则以衍射的方式成像，衍射光可被视为经过样品反射而形成光，因此衍射光呈现了样品的结构信息。当样品无色透明时，比如活细胞样品，由于细胞各部分的折射率和厚度的不同，直射光和衍射光的光程就会有细微的差别，体现为直射光和衍射光的相位差。这种相位差无法被人类眼睛识别，因此对于无色透明的样品，样品的图像和背景的图像的可见度（对比度）差异小，使用普通光学显微镜难以观察活细胞内的细微结构。

塞尔尼克所发明的相差技术，通过一种特殊的装置调节样品的衍射光通过更长的光学路径，使衍射光相对于直射光产生约 1/4 波长的光程差。当被改变光程的衍射光和直射光产生光的干涉成像时，1/4 波长的光程差被叠加成半个波长的光程差，这使得原本无色透明的样品在成像时产生类似于不透明样品的足够的可见度(对比度)。

那么改变光程差的特殊装置是什么呢？这个特殊的装置被称为相位板，通常装在物镜的后焦平面上，是直射光与衍射光形成原始图像的位置。相位板的作用是使通过样品的直射光能产生相对于其衍射光的相位改变，相位板上能够修饰光程的这个区域称为相环，是环形金属镀膜区域；当有透明的观察样品在光路中时，其衍射光会发生偏离并通过穿过相位板的相环，使衍射光的相位发生 1/4 波长的改变。在这种情况下，相位板选择性地将第二个 1/4 波长相位差添加到衍射光，导致半波长的差异。当直射光和衍射光两组光线继续经后透镜的会聚又在同一光路上行进时，直射光和衍射光发生光的干涉现象(图 1.1)，相位差转化为振幅差(明暗差)。

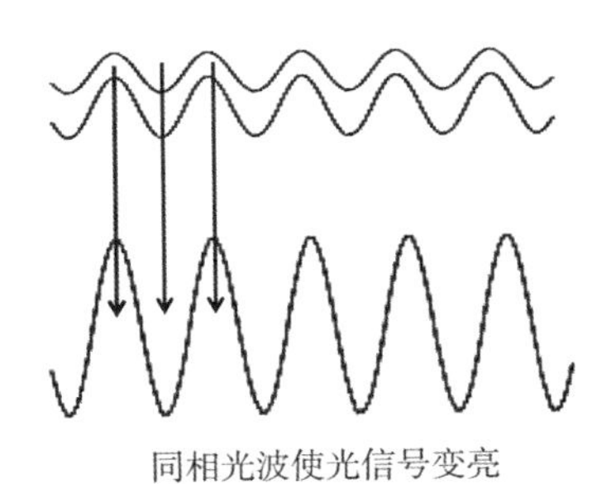

同相光波使光信号变亮

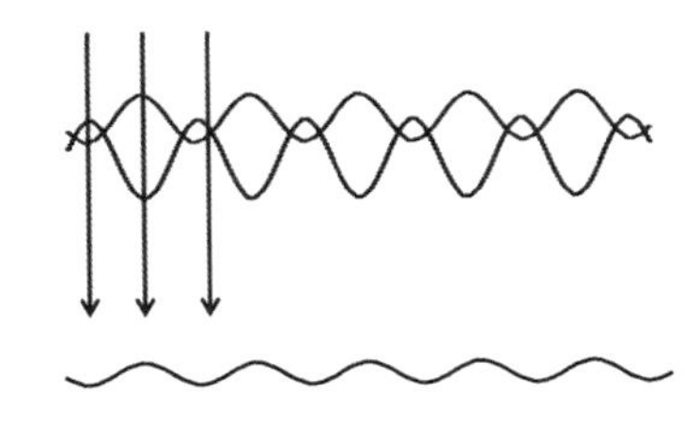

异相光波使光信号变暗

图 1.1　光的干涉现象示意

3. 相差显微镜的结构和装置

相差显微镜与普通光学显微镜的基本结构相同，所不同的是它具有 4 部分特殊结构，即环状光阑、相位板、合轴调节望远镜及绿色滤光片。

环状光阑是具有环形开孔的光阑，位于聚光器的前焦点平面上(图 1.2)。环状光阑的直径大小与物镜的放大倍数相匹配，并有一个明视场光阑，与聚光器一起组成转盘聚光器。使用时，不同倍数的相差物镜要匹

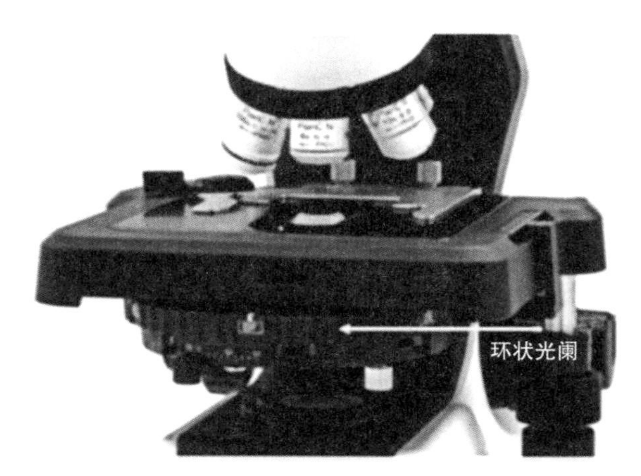

图 1.2　环状光阑装载于圆形聚光器内

配与其对应的环状光阑，并把相应的光阑转到光路才可观察。

相位板位于物镜内部的后焦平面上。相位板上有两个区域，直射光通过的部分叫共轭面，衍射光通过的部分叫补偿面。带有相位板的物镜叫相差物镜，常以“Ph”字样标在物镜外壳上。相位板上镀有两种不同的金属膜：吸收膜和相位膜。吸收膜常为铬、银等金属在真空中蒸发而镀成的薄膜，它能把通过的光线吸收掉 60%～93%；相位膜为氟化镁等在真空中蒸发镀成，它能把通过的光线相位推迟 1/4 波长。

合轴调节望远镜是相差显微镜一个极为重要的结构。环状光阑必须与相位板共轭面完全重合，才能实现对直射光和衍射光的特殊处理；否则，应被吸收的直射光被透过，而不该被吸收的衍射光反被吸收，应推迟的相位有的不能被推迟，这样就达不到相差观察的效果。由于环状光阑是通过转盘聚光器与物镜相匹配，因而环状光阑与相位板常不同轴。为此，相差显微镜配备有一个合轴调节望远镜（在镜的外壳上标有“CT”符号），用于合轴调节（图 1.3）。

由于使用的照明光线的波长不同，常引起相位的变化，为了获得良好的相差效果，相差显微镜要求使用波长范围比较窄的单色光，通常使用绿色滤光片来调整光源的波长。Olympus（奥林巴斯）厂家生产的相差显微镜主要使用该厂指定的 IF550 绿色滤光片作为配套器件（图 1.3）。

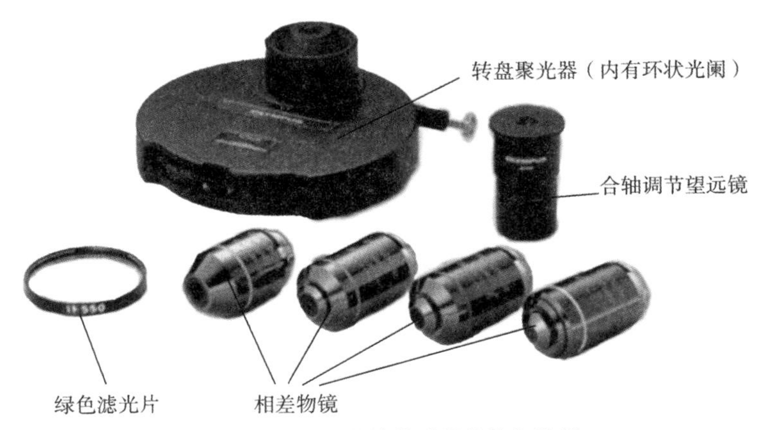

图 1.3 相差显微镜的重要结构与装置

暗视野显微镜是利用丁达尔（Tyndall）光学效应的原理，在普通光学显微镜的结构基础上改造而成的。暗视野显微镜的主体与普通明场显微镜一样，唯一的不同在于照射到被检物上的光线发生了变化。普通显微镜是通过垂直照射的方式直接照射于被检物上，然后通过物镜与目镜对被检物进行成像。暗视野显微镜的光镜中央有挡光片，照明光线不直接进入物镜，只允许被标本反射和衍射的光线进入物镜，因而视野的背景是黑的，物体的边缘是亮的（图 1.4）。暗视野显微镜的诞生对于观察十分微小的粒子有很大的帮助，尤其适用于观察溶质粒子的布朗运动，如原虫、细菌的鞭毛、伪足运动以及人体体液中螺旋体、尿管形、结晶等各种粒子。

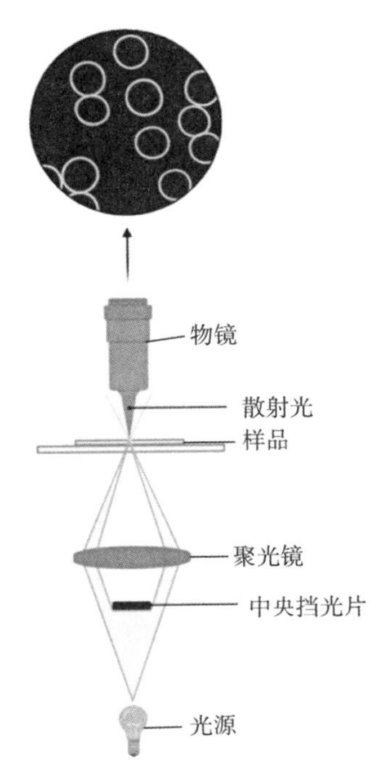

图 1.4 暗视野显微镜成像原理

三、实验器具、试剂及材料

(1)器具:滴管、载玻片、相差显微镜、暗视野显微镜。

(2)试剂:生理盐水。

(3)材料:鸭血细胞、洋葱、草履虫。

四、实验步骤

1. 相差显微镜的使用

相差显微镜的使用如图 1.5 和图 1.6 所示。

(1)打开电源开关,转动光强调节旋钮调节亮度。

操作步骤	相关操作按钮或装置
将电源开关拨到"I"(开),调节亮度	电源开关 光强调节旋钮
↓ 把样品放到载物台上	标本夹 *X*轴/*Y*轴旋钮
↓ 将10×物镜转进光路	物镜转换盘
↓ 对标本聚焦	粗/微调焦旋钮
├ 调节瞳间距 调节屈光度 调节光轴	双目镜筒 屈光度调节环 聚光器高度调节旋钮 聚光镜对中旋钮
↓ 调节孔径光阑和视场光阑	孔径光阑调节旋钮 视场光阑调节旋钮
↓ 将所需物镜转进光路,对标本聚焦	物镜转换盘 粗/微调焦旋钮
├ 插入所需滤色片	滤色片
├ 调节亮度	光强调节钮
↓ 开始观察	

图 1.5 Olympus CX41 显微镜的主要操作步骤

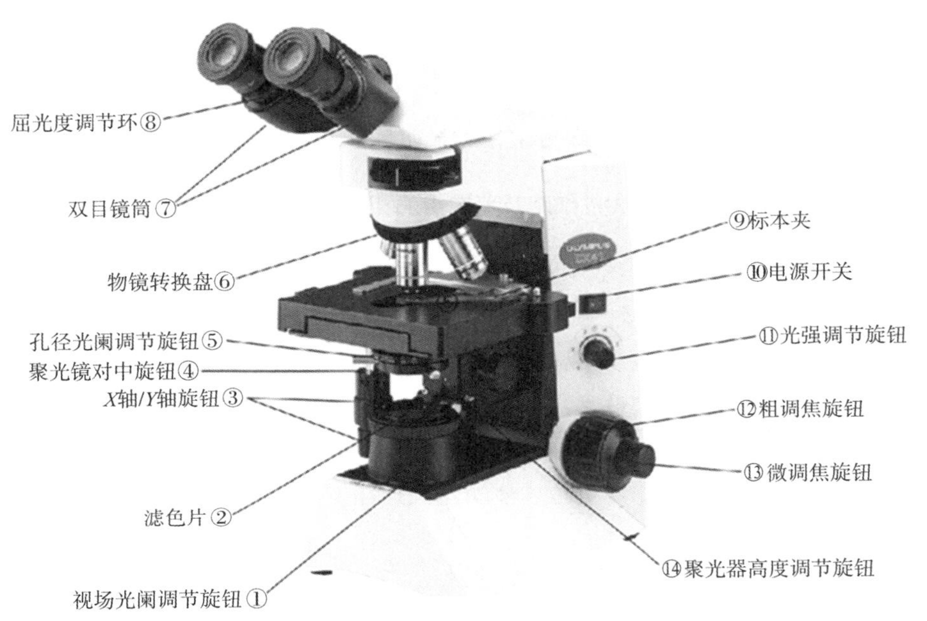

图 1.6 Olympus CX41 显微镜的主要结构

(2)转动粗调旋转盘降下载物台,拉开机械式载物台的样本夹,自前向后将标本切片放入平台,标本切片放稳后,再将样本夹轻轻放回原位。转动上侧的垂直移动旋转杆后,标本垂直方向移动;转动下侧的水平移动旋转杆后,标本水平方向移动。取下标本方法与放入方法相反。

(3)进行光轴中心的调整。取下一侧目镜,换上合轴调节望远镜,调整环状光阑与相位板共轭面圆环完全重合,然后取下合轴调节望远镜,换回目镜。使用中,如需要更换物镜倍数,必须重新进行环状光阑与相位板共轭面圆环重合的调整。

(4)调焦和调光。用普通低倍物镜在明视野中(聚光镜调到 BF 或者 O)观察,当发现目标后,把观察的目的物移到视野的中央。观察透明物体时要缩小光阑。

(5)将标有 Ph 标记的物镜转入光路。转动转盘聚光器,使其与光路中的物镜具有相同 Ph 标记。向右转动聚光器上的孔径光阑调节旋钮,完全打开孔径光阑。

(6)观察活细胞时,请注意物像与背景的明暗反差,以及细胞内的细微结构。

2. 暗视野显微镜的使用

将聚光器拨到 DF 档即为暗视野显微镜,观察方法同上。

3. 鸭血细胞、洋葱表皮细胞及草履虫的相差显微镜及暗视野显微镜观察

(1)鸭血细胞观察:取少许鸭血滴在载玻片上,滴生理盐水稀释,盖上盖玻片进行观察。

(2)洋葱表皮细胞观察:撕取洋葱一小片内表皮,铺展于载玻片上,滴少量生理盐水,盖上盖玻片进行观察。

(3)草履虫的观察:在载玻片上铺一薄层棉花纤维或者一小张单层擦镜纸,取少许混匀的草履虫培养液滴在载玻片上,盖上盖玻片进行观察。

五、实验结果

鸭血细胞在相差显微镜下细胞核清晰可见,在暗视野显微镜下细胞膜相对于细胞核更加明亮(图 1.7)。

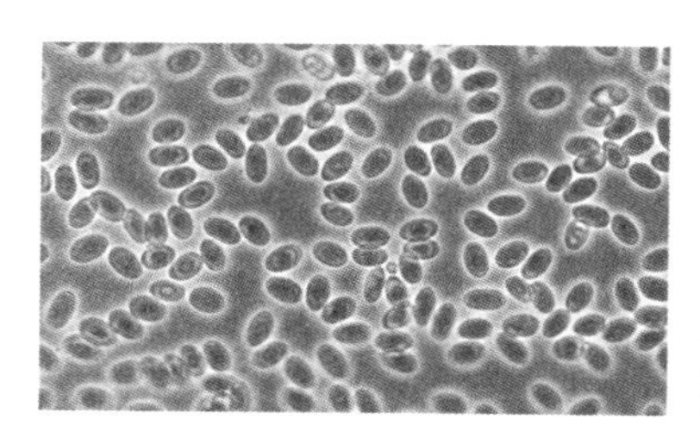

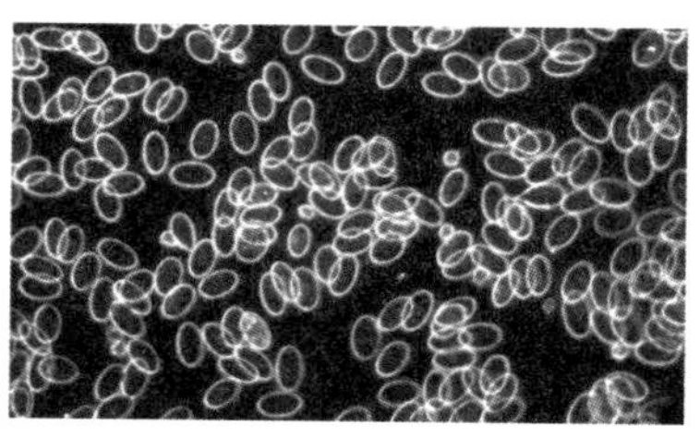

图 1.7 鸭血细胞在相差显微镜下(左)及暗视野显微镜下(右)的观察效果

(20×,2018 级蒋红梅同学提供)

注:彩图可扫附录“电子资源”二维码,后同。

六、作业

(1)比较鸭血细胞、洋葱表皮细胞及草履虫在普通光学显微镜、相差显微镜及暗视野显微镜下的观察效果。

(2)比较相差显微镜与普通光学显微镜的差别。

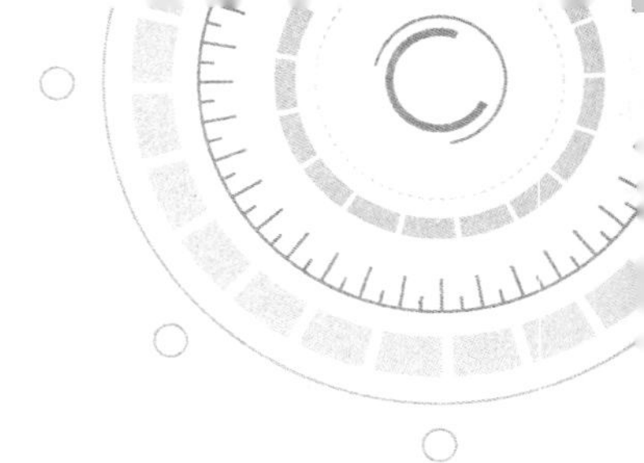

实验二　细胞荧光染色观察与荧光显微镜的使用

一、实验目的

(1)掌握荧光显微镜的原理和使用方法。

(2)了解荧光染料的特性及其应用。

二、实验原理

荧光显微镜是一种较为常用的光学显微镜,其基本原理是:利用一定波长的激发光对样品进行激发,使之产生一定波长的辐射荧光,再通过对辐射荧光的检测对样品结构或其组分进行定性、定位、定量观察检测。其光路如图2.1所示。

荧光的产生:当用激发光(通常用紫外线或激光)照射到原子时,会使原子核周围的一些电子吸收能量,由原来的轨道跃迁到能量更高的轨道,称为激发态电子;处于激发态的电子不稳定,会回迁到原来的轨道,当激发态电子回迁时,储存的能量会以荧光的形式释放出来,从而产生荧光(图2.2)。

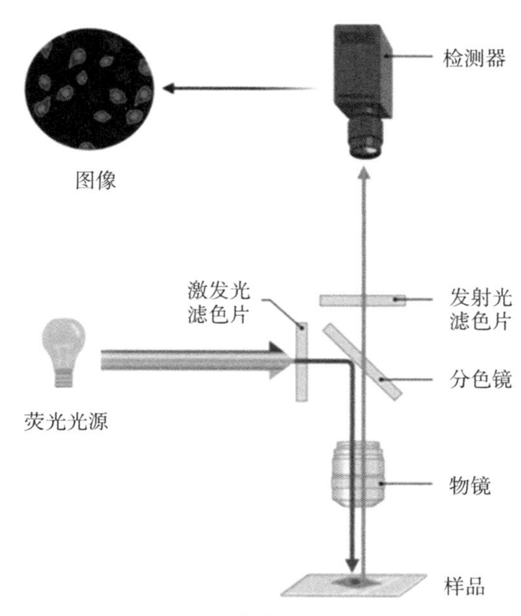

图 2.1　荧光显微镜光路

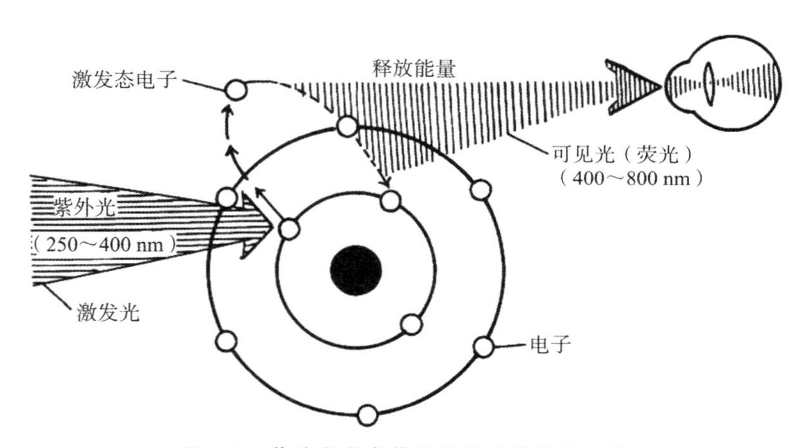

图 2.2　紫外光激发荧光物质放射荧光示意

三、实验器具、试剂及材料

(1)器具：镊子、培养皿、滴管、载玻片、荧光显微镜。

(2)试剂:甲醇、吖啶橙染色液、生理盐水。

(3)材料:鸭血细胞、洋葱。

四、实验步骤

1. 样品的制备

(1)取少许鸭血滴在一干净载玻片的一端,取另一边缘平整的载玻片作为推片,将其前端放在血滴前,然后向后拉,当与血滴接触后,血即均匀分布在两片之间,使血液展开并充满整个推片,推片保持30°～45°角向载玻片的另一端推动血滴,至血液铺完血膜为止,并在血涂片的标注端注明姓名和编号(图2.3)。

【注意】血膜厚度与血滴大小、推片角度和速度有关。血滴大,角度大,速度快,则血膜厚;反之则薄。

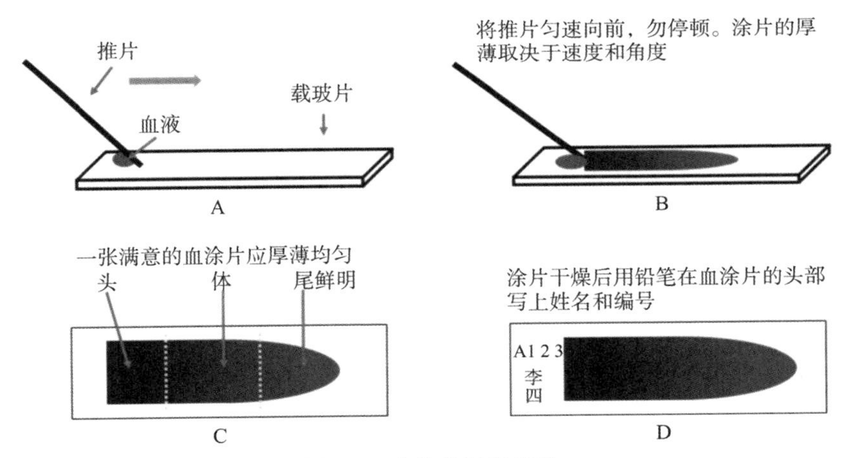

图2.3　血涂片制备示意

(2)静置晾干涂片,在其上均匀滴加甲醇固定10 min,然后滴加1～2滴1‰吖啶橙染色液染色5 min。

(3)用自来水水滴从载玻片的一端水洗除去多余的染料,室温干燥(滤纸擦干玻片底面)后用荧光显微镜观察(先低倍后高倍观察)。

2. 荧光显微镜的使用

荧光显微镜的使用如图 2.4 和图 2.5 所示。

(1)普通明场的观察步骤：

①打开明场电源开关(“I”为开,“O”为关)。

②将样品置于载物台上,用样品夹夹好。

③荧光滤块转盘拨到“1”位置,DIC 棱镜拨到明场(BF)位置。

④先选用低倍物镜(4×)。

⑤调节透射光的强度,调节焦距,找到视野。

⑥依次换到高倍镜头,观察样品。

⑦光路选择拉杆拉到中间位置既可观察,也可拍照。

(2)荧光观察步骤：

①打开明场电源开关。

②提早打开汞灯电源开关,预热至少 20 min。

③将样品置于载物台上,用样品夹夹好。

④将荧光光路 shutter(快门)打开(“○”为开,“●”为关),需保护样品时关闭 shutter。

⑤光路选择拉杆推至最里边。

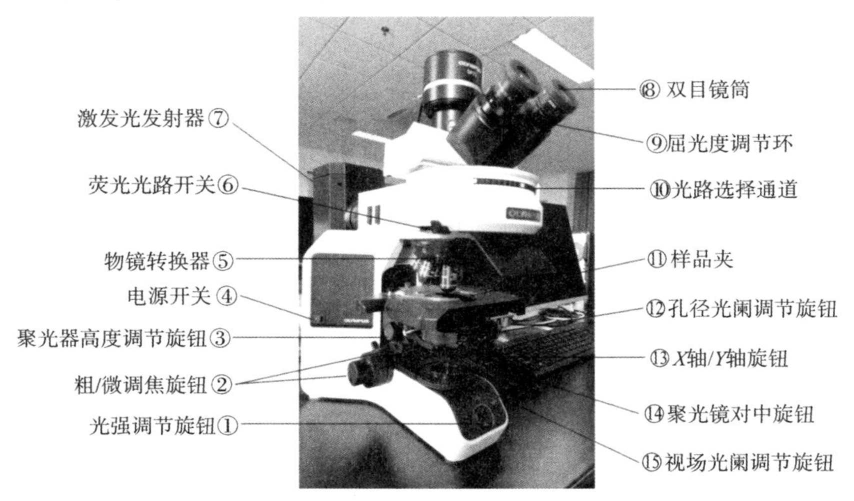

图 2.4 荧光显微镜 Olympus BX41 的主要结构

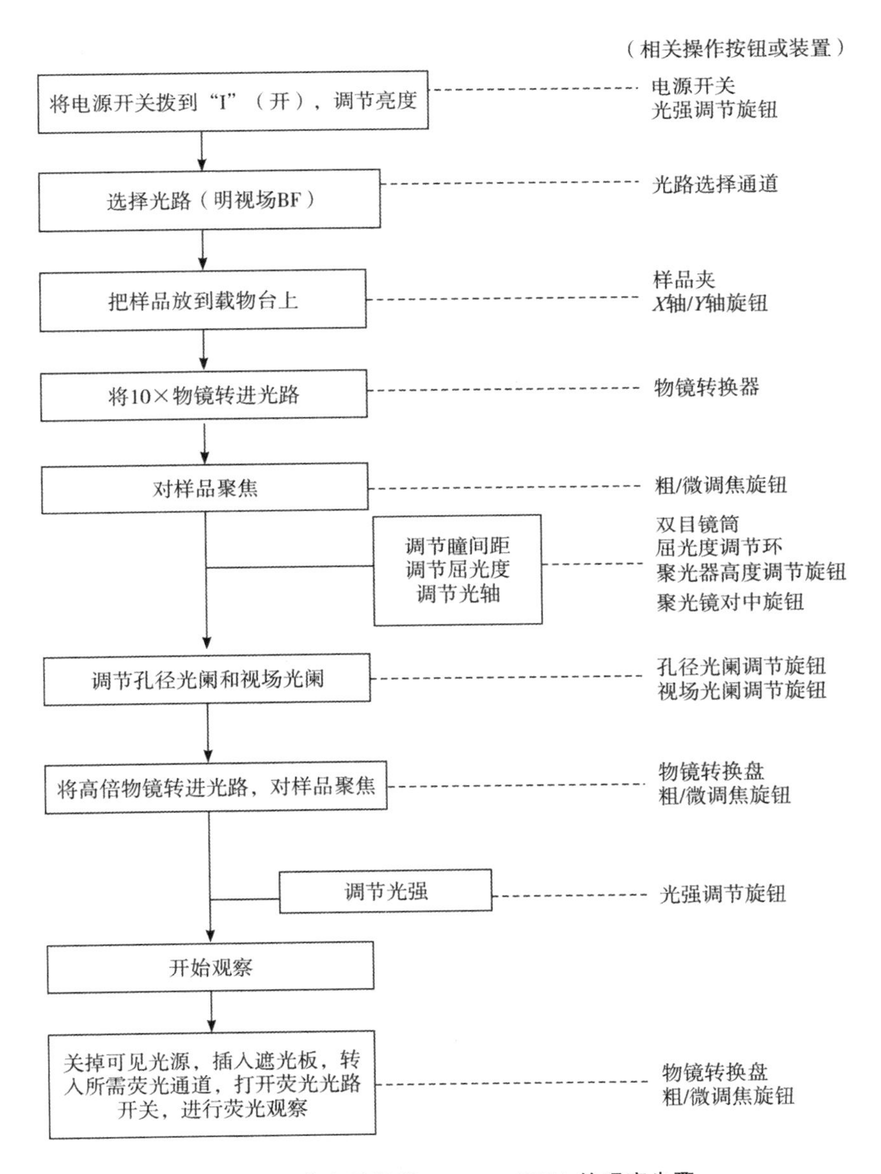

图 2.5　荧光显微镜 Olympus BX41 的观察步骤

⑥根据样品的标记情况将荧光滤块转盘转到相应的位置，调节激发块转换盘。本节实验课我们使用吖啶橙染料，选择 BW 激发块。

⑦通过两组减光滤片调节激发光强度。

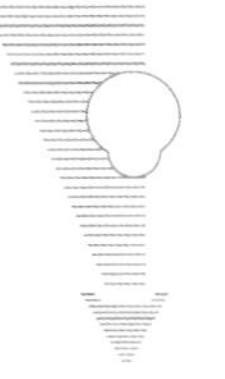

⑧从低倍镜开始观察，调焦，找到预观察视野。

⑨依次换到高倍镜头，观察样品。

⑩拍照时光路选择拉杆完全拉出。

⑪打开荧光遮板，进行荧光观察。

五、实验结果

鸭血细胞在荧光显微镜下细胞核清晰可见，为橙黄色，细胞质为绿色（图 2.6）。

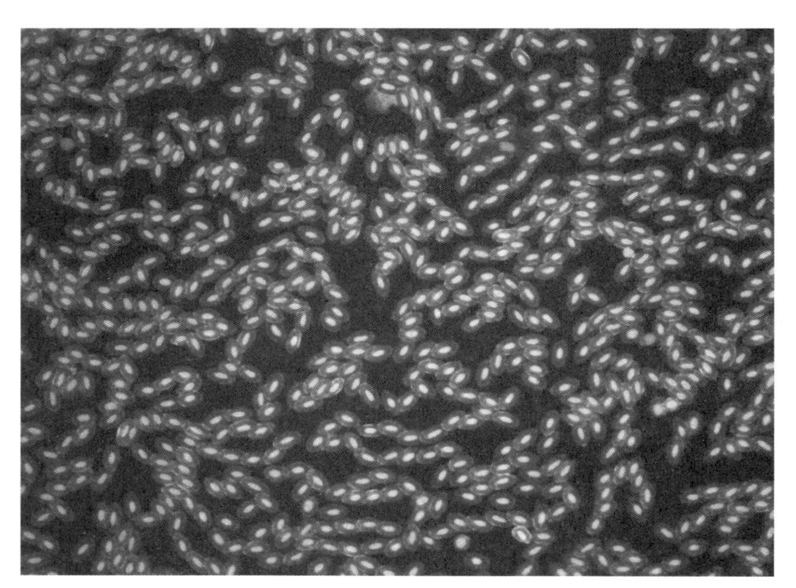

图 2.6　鸭血细胞吖啶橙染色后的效果示意

（40×，2018 级夏振康同学提供）

六、作业

描绘荧光显微镜下鸭血细胞、洋葱内表皮细胞的荧光分布图。

附：荧光滤色块转盘标记（注意：不同的显微镜有不同的转盘标记）

(1)WU　蓝

(2)WIB　绿(长通)

(3)WIBA　绿(带通)

(4)WIG　红

(5)CFP　青

(6)YFP　黄

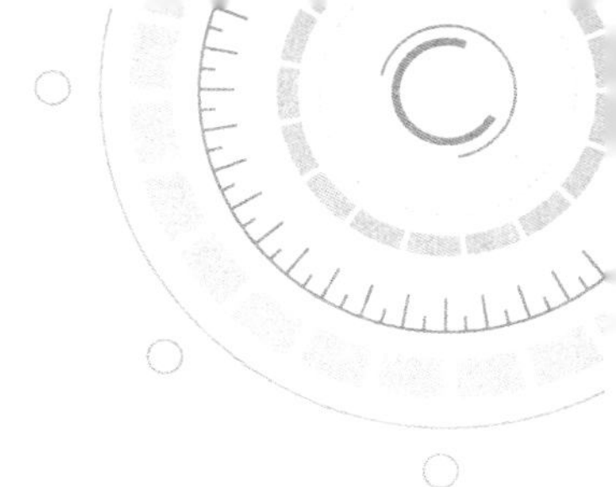

实验三　动物细胞线粒体的活体染色与油镜观察

一、实验目的

(1)理解细胞活体染色的原理。
(2)掌握油镜的使用方法。

二、实验原理

活体染色是指对生活有机体的细胞或组织能着色但又无毒害的一种染色方法。它的目的是显示生活细胞内的某些结构,而不影响细胞的生命活动和产生物理、化学变化以致引起细胞的死亡。

线粒体是细胞进行呼吸作用的场所,其形态和数量随物种、组织器官和生理状态的不同而发生变化。詹纳斯绿 B 可专一性地对线粒体进行超活染色,这是由于线粒体内的细胞色素氧化酶系的作用使染料始终保持氧化状态(即有色状态),呈蓝绿色,而线粒体周围的细胞质中,染料被还原为无色的色基(即无色状态)。

三、实验器具、试剂及材料

(1)器具:显微镜、恒温水浴锅、解剖盘、剪刀、镊子、双面刀片、解剖盘、载玻片、凹面载玻片、盖玻片、表面皿、吸管、牙签、吸水纸。

(2)试剂：1%詹纳斯绿B溶液。

(3)材料：口腔黏膜细胞、大肠杆菌液。

四、实验步骤

1. 线粒体的超活染色

(1)取清洁载玻片放在37 ℃恒温水浴锅的金属板上，滴2滴1/5000詹纳斯绿B染液(Janus green B stain，该染液由1%詹纳斯绿B溶液稀释而得)。

(2)实验者用牙签宽头在自己口腔颊黏膜处稍用力刮取上皮细胞，将刮下的黏液状物放入载玻片的染液滴中，染色10～15 min(注意不可使染液干燥，必要时可再加滴染液)，盖上盖玻片，用吸水纸吸去四周溢出的染液，置显微镜下观察。

(3)在低倍镜下，选择平展的口腔上皮细胞，换高倍镜或油镜进行观察。同时观察大肠杆菌的染色，对比线粒体与大肠杆菌的大小。

2. 油镜的观察操作

(1)先在40×镜下找到合适的口腔上皮细胞，然后将镜头移开，在盖玻片上所要观察的位置滴一小滴显微镜专用镜油，直接换用油镜(100×物镜)进行观察。同时小心上下调节细调焦螺旋，使物像清晰。

(2)观察完毕后，降低载物台，把油镜转离光轴，及时做清洁工作。油镜先用干的擦镜纸轻拭，把部分油去掉，再用蘸取清洁剂(无水乙醇)的擦镜纸擦2～3次。切勿用干的擦镜纸用力擦拭镜头，会造成划痕，损伤镜头。

五、实验结果

可见扁平状上皮细胞的核周围胞质中，分布着一些被染成蓝绿色的

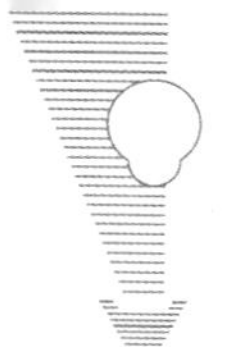

颗粒状或短状的结构,即线粒体。

六、注意事项

应稍用力刮取口腔颊黏膜处上皮细胞,否则无活细胞染色不能成功。

七、作业

(1)描述线粒体的形态结构。

(2)使用油镜前后的注意事项有哪些?

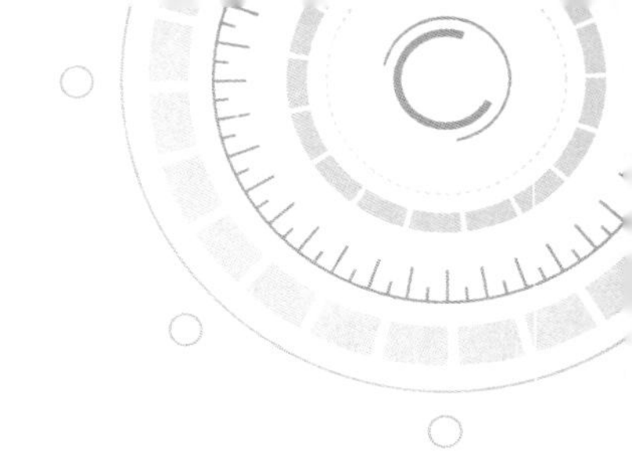

实验四　细胞核与线粒体的分级分离（差速离心法）

一、实验目的

(1)了解差速离心法的基本原理。

(2)学习利用差速离心技术分离细胞器。

(3)学习细胞核与线粒体的染色鉴定。

二、实验原理

1. 离心分离技术和差速离心法

利用离心机高速旋转运动产生的强大的离心力，将液体与固体颗粒或液体与液体的混合物中具有大小或密度差别的各组分进行分离、纯化和提取的技术称为离心分离技术。离心分离技术是细胞、细胞亚组分、病毒以及蛋白质、酶、核酸等生物大分子分离、浓缩、纯化和分析最常用的方法之一。

常用的离心分离技术主要包括差速离心和密度梯度离心。

差速离心的特点是：使用密度均一的介质，根据颗粒大小和密度的不同，通过分级提高离心转速或高速与低速离心交替进行，使具有不同质量

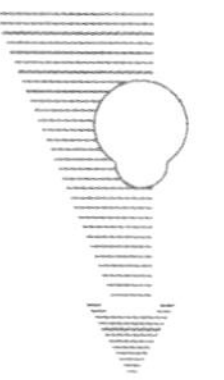

的颗粒样品或大分子从混合液中分批沉降至离心管底，从而达到分离目的。差速离心适用于混合样品中大小和质量相差悬殊的组分之间的分离，差别越大，分离效果越好。

差速离心技术的应用十分普遍，尤其是针对有生物活性的物质，如各种亚细胞组分（细胞核，叶绿体、线粒体等细胞器）、动植物病毒以及核酸和蛋白质等生物大分子的分离、粗提和浓缩。细胞核和细胞器在差速离心中的沉降顺序通常为细胞核、线粒体、叶绿体、溶酶体与过氧化物酶体、内质网与高尔基体、核糖体与核蛋白体。

利用差速离心可以将细胞器初步分离，通常需要进一步通过密度梯度离心再进行分离纯化。

2. 离心机转头的转速

离心机转头的转速通常采用两种方式来表示：离心机转头每分钟转过的圈数（revolution per minute，rpm）和相对离心力（relative centrifugal force，RCF）。

所谓相对离心力，是指在离心场中，作用于被离心的颗粒的离心力相当于其地球引力（即重力）的倍数。相对离心力常用数字乘“g”（重力加速度）来表示，如25000×g，表示相对离心力为25000。

实际上，只要已知被离心颗粒的旋转半径 r（单位为 cm），则 RCF 和 rpm 之间即可以用下面的公式相互换算：$RCF=1.119\times10^{-5}\times rpm^2\times r$。

计算颗粒的相对离心力时，应注意离心管与旋转轴中心的距离 r 不同，即沉降颗粒在离心管中所处位置不同，则所受离心力也不同。

为便于进行 RCF 和 rpm 之间的换算，Dole 和 Cotzias 利用 RCF 的计算公式，制作了旋转半径 r 与转速 rpm 和相对离心力 RCF 三者关系的列线图（图 4.1），图式法比公式计算法更便捷。例如，离心半径为 16 cm，当转速为3500 r/min 时，其相对离心力约为2200×g；而当转速为35000 r/min 时，则其相对离心力约为 220000×g。离心半径为 8 cm，当转速为 1000 r/min时，其相对离心力约为 90×g；而当转速为 10000 r/min 时，则其相对离心力约为 9000×g（图 4.1 中两条虚线所示情形）。

常用的离心机有多种类型，一般小型台式低速离心机转头的最高转

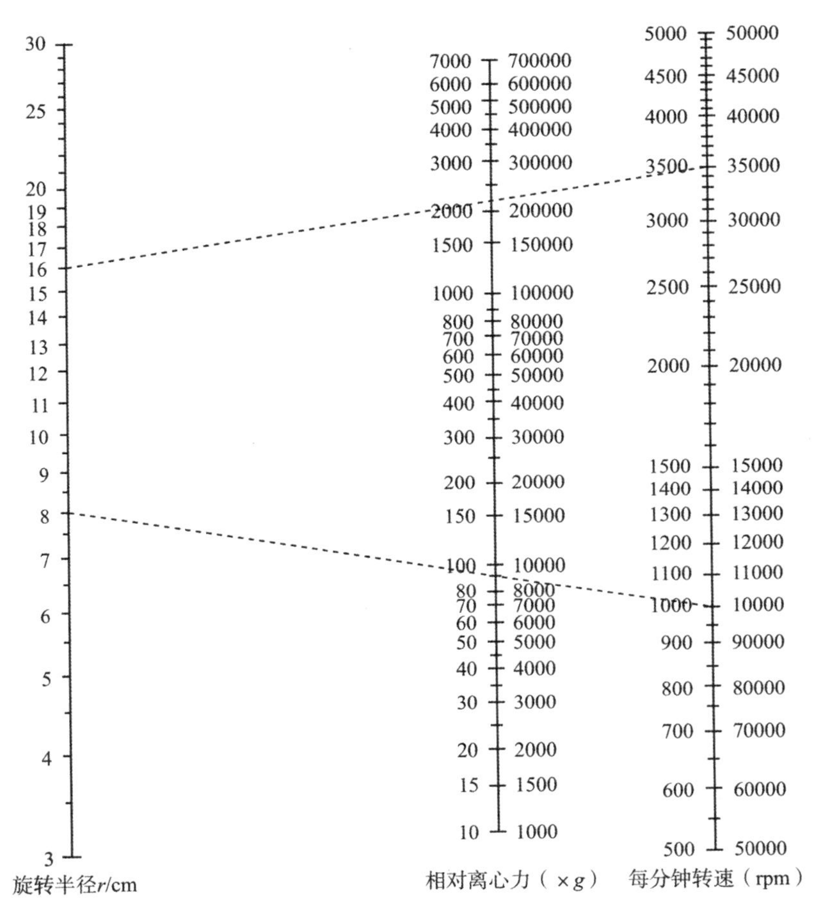

图 4.1　使用旋转半径 r 与转速 rpm 和相对离心力 RCF 三者关系的列线图进行 RCF 和 rpm 之间换算的示意

换算时，先在左列半径(r)标尺上找到已知的旋转半径，再在右列 rpm 标尺上找到设定的离心机转头的转数，连接半径与转速 rpm 的直线与中间 RCF 标尺的交汇点，就可得到相对离心力数值。注意，若已知的转数值处于 rpm 标尺的右边，则应读取 RCF 标尺右边的数值；若转数值处于 rpm 标尺左边，则应读取 RCF 标尺左边的数值。

速不超过 13000 r/min，大型落地式高速离心机转头的转速在 25000 r/min以下，超速离心机的转头最高转速可达30000 r/min以上。一般情况下，低速离心时常以“r/min”来表示转速，高速离心时则以相对离心力“×g”来表示转速。

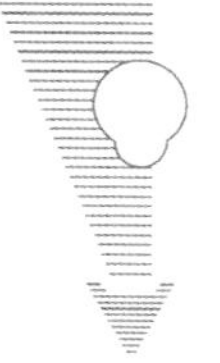

3. 沉降系数(sedimentation coefficient)

离心机高速旋转时产生的强大离心力使缓冲液或者介质中的悬浮颗粒发生沉降或者漂浮,从而使目的颗粒达到浓缩或与其他颗粒分离。人们通常会使用沉降系数来表征要分离和研究的颗粒或者大分子的特性。沉降系数反映的是一定条件下被离心的颗粒的物理特性,是大分子沉降速度的量度,等于每单位离心场的速度;当条件一定时为一常数,代表了颗粒(如细胞器)或者生物大分子的结构和沉降特征。

沉降系数的计算公式为 $S=v/\omega^2\cdot r$。其中,S 就是沉降系数,其单位为秒(s);ω 是离心转头的角速度,其单位为弧度/秒(rad/s);r 是被离心的颗粒到旋转中心的距离;v 是沉降速度,指的是每单位时间内颗粒下沉的距离。

为了方便起见,通常把 10^{-13} s 作为一个沉降系数单位,即 $1S=10^{-13}$ s,称为 Svedberg 单位,以纪念于 1924 年首先提出沉降系数概念并荣获 1926 年诺贝尔化学奖的瑞典科学家斯韦德贝里(Theodor Svedberg)。

细胞器以及生物大分子的沉降系数通常为 $1\times10^{-13}\sim200\times10^{-13}$ s 范围,也就是 $1S$ 到 $200S$ 之间。大多数蛋白质和核酸的沉降系数在 $4S$ 到 $40S$ 之间。核糖体及其亚基在 $30S$ 到 $80S$ 之间。沉降系数越大的颗粒在离心时沉降得越快。

4. 细胞器的分级分离

细胞内含有多种细胞器,它们的大小和相对密度各不相同,在同一离心场内呈现不同的沉降速度。根据这一原理,常采用不同转速的分级离心方法,可以将细胞内不同细胞器分级分离出来,其过程主要包括组织细胞匀浆制备、分级分离和分析等步骤。

组织细胞匀浆制备需要在低温条件下,使用组织破碎仪或者组织匀浆器将组织和细胞在等渗匀浆介质中破碎,使之成为各种细胞器及其包含物的匀浆。细胞器分离常用的介质大多含有蔗糖和氯化钙,如含有 0.25 mol/L 蔗糖和 0.003 mol/L 氯化钙的水溶液。这种介质比较接近细胞质的分散相,具有足够的渗透压,因而可以防止细胞器和颗粒膨胀破裂。另外,在 pH 7.4 条件下,这种介质不易引起细胞器发生聚集,对酶活性干扰也较小。

将制备好的组织匀浆液放在均匀的悬浮介质上,即可用差速离心法分离其亚细胞组分。球形颗粒在均匀的悬浮介质中的沉降速度取决于离心场,颗粒的大小、密度以及悬浮介质的黏度。先用低转速离心使较大的颗粒沉淀,再用较高的转速离心,将浮在上清液中的颗粒沉淀下来,从而使各种细胞结构,如细胞核、线粒体等得以分离。

由于样品中各种大小和密度不同的颗粒在离心开始时均匀分布在整个离心管中,因此每级分离得到的第一次沉淀必然不是纯的最重的颗粒,通常需要经过反复悬浮和离心加以纯化。通过分级分离得到的组分,可用细胞化学和生物化学方法进行形态和功能鉴定。分级分离技术可用于研究亚细胞成分的化学组成、理化特性及其功能。

三、实验器具、试剂及材料

(1)器具:小型台式离心机、解剖刀剪、小烧杯、小平皿、量筒、冰浴、漏斗、纱布或尼龙织物、玻璃匀浆器(或食物料理机)、恒温水浴锅、1 mL 移液器、记号笔、普通光学显微镜。

(2)试剂:林格溶液(Ringer solution)、0.25 mol/L 蔗糖-0.003 mol/L 氯化钙溶液、0.25 mol/L 蔗糖-0.01 mol/L Tris-HCl 缓冲液(pH 7.4)、0.34 mol/L 蔗糖-0.01 mol/L Tris-HCl 缓冲液(pH 7.4)、固定液(甲醇与冰乙酸按照 9∶1 体积比混合)、吉姆萨染液(Giemsa stain)、詹纳斯绿 B 染液。

①林格溶液配方:氯化钠(NaCl)0.85 g(用于变温动物时使用 0.65 g),氯化钾(KCl)0.03 g,氯化钙($CaCl_2$)0.033 g,蒸馏水 100 mL。

②吉姆萨染液的配制:

A. 吉姆萨贮备原液:吉姆萨粉 1 g,分析纯甘油 33 mL,分析纯甲醇 33 mL。

先将吉姆萨粉置于研钵中加少量甘油,充分研磨,直至呈无颗粒的糊状。再将剩余甘油全部加入,放入 60～65 ℃恒温箱中保温 2 h(其间需持

续搅拌)，然后加入甲醇搅拌均匀，过滤后保存于棕色瓶中。在制成后的1周内，每天摇一摇吉姆萨原液。一般两周后使用为好，可长期保存。

B. 吉姆萨工作液：临用时将贮备原液与1/15 mol/L磷酸盐缓冲液(1/15 mol/L KH_2PO_4和1/15 mol/L Na_2HPO_4)(pH 7.2)按照1∶20混合。

③詹纳斯绿B染液的配制：

称取0.5 g詹纳斯绿B溶于50 mL林格溶液(pH 7.4)中，稍微加热(30～40 ℃)，待其完全溶解，用滤纸过滤，即为1%原液，装入棕色瓶中置于暗处保存。临用时，取1%原液1 mL加入49 mL林格溶液(pH 7.4)稀释成工作液，装入瓶中备用。最好现用现配，以充分保持它的氧化能力。

(3)材料：兔肝脏或者牛蛙肝脏(每只成年兔子或者牛蛙的肝脏总质量通常会超过20 g)。

四、实验步骤

1. 肝细胞匀浆液制备

(1)用解剖剪将兔肝脏或者牛蛙肝脏剪成小块，去除结缔组织，用生理盐水反复洗涤，尽量除去血污，用滤纸吸去表面的液体。

(2)将湿重约10 g的肝脏组织放在小平皿中，取50 mL预冷的0.25 mol/L蔗糖-0.003 mol/L氯化钙溶液，先加少量该溶液于小平皿中，尽量剪碎肝脏组织后，再全部加入。

(3)剪碎的肝脏组织倒入匀浆管中，将匀浆器下端浸入盛有冰块的器皿中，再将匀浆捣杆垂直插入管中，上下转动研磨3～5次，用3层纱布或尼龙网过滤匀浆液于离心管中。

(4)可用食物料理机研磨打碎肝脏组织块，打碎时间不要超过20 s，否则细胞核也会被打碎。

(5)在烧杯口上铺3层纱布，过滤去除大组织块。也可按照第(6)步，通过低速离心来去除大组织块。

(6)将获得的肝脏组织匀浆液转移到 50 mL 离心管中，1500 r/min 离心 1 min；将上清液转移到一个新的 50 mL 离心管中，再次 1500 r/min 离心 1 min。如果这一步结束后离心管底的沉淀很多，这可能是由组织破碎不够充分造成的，可以加少量匀浆液到沉淀中，放回机械匀浆机中进行快速破碎，再离心 1 次(1500 r/min 离心 1 min)，收集上清液。

2. 差速离心

(1)先使用移液器将 0.5 mL 0.34 mol/L 蔗糖缓冲液放入 1.5 mL 离心管中，然后沿管壁小心地加入 0.5 mL 肝脏组织匀浆液使其覆盖于上层。2700 r/min 离心 10 min，沉淀即为粗提的细胞核。

(2)用移液器将上清液小心取出，转入另一个 1.5 mL 离心管中，留待下一步离心获得线粒体。

(3)在保留了沉淀的离心管中，加入 1 mL 预冷的 0.25 mol/L 蔗糖缓冲液，用移液器小心吸打缓冲液，重悬、冲洗沉淀 1 次，2700 r/min 离心 10 min。此时，离心管底的沉淀即含有细胞核与部分细胞碎片。去掉大部分上清液，用剩余的少许缓冲液重悬沉淀，即可用于细胞核样本的制片。

(4)将第(2)步得到的上清液 12800 r/min 离心 10 min，沉淀即粗提的线粒体。

(5)如果沉淀足够多，也可以用移液器小心移除上清液，加入 1 mL 预冷的 0.25 mol/L 蔗糖缓冲液，再用移液器小心吸打缓冲液，重悬、冲洗沉淀，最后 2700 r/min 离心 10 min。此时，离心管底的沉淀即含有均一性更高的线粒体。

3. 分离物鉴定

(1)细胞核：取细胞核沉淀的悬浮液 1 滴置于干净的载玻片中央，滴加 1～2 滴甲醇-冰乙酸(9：1)固定液，静置固定 15 min，空气中干燥。滴加吉姆萨染液的工作液(即将原液稀释 10～20 倍)染色 10 min。用自来水冲洗载玻片，留少许水，加盖玻片，用镊子轻轻按压盖玻片，让多余的水滴溢出，再用吸水纸吸去载玻片和盖玻片上多余的水滴，镜检。

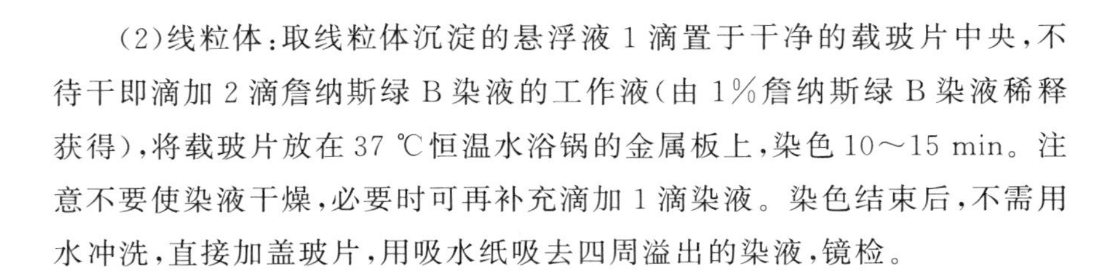

(2)线粒体:取线粒体沉淀的悬浮液 1 滴置于干净的载玻片中央,不待干即滴加 2 滴詹纳斯绿 B 染液的工作液(由 1%詹纳斯绿 B 染液稀释获得),将载玻片放在 37 ℃恒温水浴锅的金属板上,染色 10～15 min。注意不要使染液干燥,必要时可再补充滴加 1 滴染液。染色结束后,不需用水冲洗,直接加盖玻片,用吸水纸吸去四周溢出的染液,镜检。

五、实验结果

细胞核呈现紫红色,上面附着少量胞质及浅蓝色细胞碎片(图 4.2 左)。线粒体呈现蓝绿色,形态为小棒状或哑铃状(图 4.2 右)。

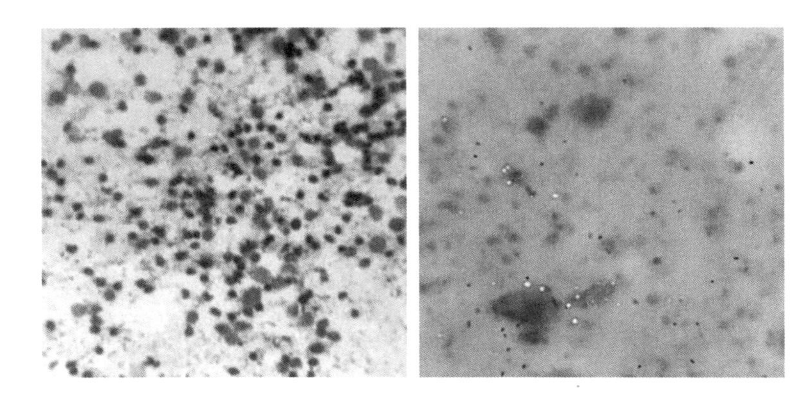

图 4.2　经过差速离心分离获得的细胞核和线粒体的染色鉴定示例

(左)经过吉姆萨染色的牛蛙肝脏细胞核(20×)。

(右)经过詹纳斯绿 B 染色的牛蛙肝脏细胞中的线粒体(100×)。

(2017 级徐家璇同学提供)

六、注意事项

(1)在制备肝脏组织匀浆液时,注意尽可能先充分剪碎肝脏组织,缩短匀浆时间。整个分离过程不宜过长,以保持线粒体的生理活性,确保其能被詹纳斯绿 B 染色。

(2)使用离心机时一定要配平,确保离心机转头中对应的离心管孔里一定放置了等体积、等质量的离心管后再启动运行。

七、作业

(1)分别绘图描绘你所观察到的典型肝脏细胞核和线粒体的形态。

(2)用差速离心和分级分离法获得的线粒体,可立即用詹纳斯绿 B 染色。如果将其放置室温 2 h 后再染色,线粒体的染色效果会有不同吗?

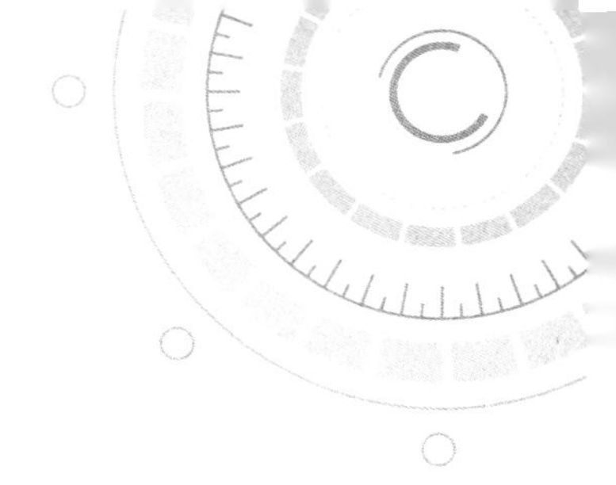

实验五　叶绿体的分离与观察

一、实验目的

(1)了解密度梯度离心的基本原理，学习利用密度梯度离心技术分离细胞器。

(2)掌握叶绿体的密度梯度离心分离技术，了解叶绿体在光镜下的形态特点。

(3)在荧光显微镜下观察叶绿体的自发荧光，熟悉并巩固荧光显微镜的使用方法。

二、实验原理

1. 密度梯度离心技术

一般情况下，利用差速离心可以对细胞器做初步分离，而要获得更均一、纯度更高的细胞器，则通常需要进一步通过密度梯度离心再进行分离纯化。密度梯度离心法是使待分离样品在密度梯度介质中进行离心沉降或沉降平衡，最终分配到梯度中某些特定位置上。当不同颗粒之间存在沉降系数差时，在一定离心力作用下，颗粒各自以一定速度沉降，在密度梯度不同区域上形成富集了同类颗粒的区带。

利用差速离心法对细胞器做初步分离时，需要进行调整转速、重悬以及反复离心等操作。与差速离心不同，密度梯度离心在整个离心过程中只使用一种转速，中途无须变更实验参数。

密度梯度离心不仅可以依据样品颗粒的质量及沉降系数进行分离，还可根据样品颗粒的密度、形状等特征进行分离。密度梯度离心适宜分离密度有一定差异的样品，而差速离心则适用于分离混合样品中各沉降系数差别较大的组分。

密度梯度离心法的优点是：分离效果好，可一次性获得较纯的样品颗粒；适应范围广，既可像差速离心法一样分离具有沉降系数差异的颗粒，又能分离有一定浮力密度差异的颗粒；颗粒会悬浮在相应的位置上形成区带，而不会形成沉淀被挤压变形，所以能最大限度保持样品的生物活性；样品处理量大，且可同时处理多个样品；对温度变化及加减速引起的扰动不敏感。

密度梯度离心法的缺点是：离心时间长，需制备密度梯度介质溶液，对操作者的技能要求较高。

分离活细胞或者有活性细胞器时，对密度梯度介质有几个要求：①能产生密度梯度，且密度高时，黏度不高；②pH 为中性或易调为中性；③浓度大时渗透压不大；④对细胞或者细胞器无毒害。所以，常用介质多为高溶解性的惰性物质，如氯化铯、蔗糖、多聚蔗糖、甘油等。

本实验使用不连续密度梯度的蔗糖作为离心介质。

2. 利用密度梯度离心技术分离植物叶片中的叶绿体

叶绿体是植物光合作用、吸收光能并实现能量转化的场所。我们选取内含丰富叶绿体的菠菜叶作为本实验的材料。本实验采用两种浓度的蔗糖溶液制成不连续的密度梯度，在离心条件下，叶绿体和比它沉降系数小的细胞组分聚集到梯度分界处，而沉降系数较大的细胞组分沉到离心管底部。这种方法可以初步富集和分离叶绿体。

叶绿体受激发光照射后可直接发出红色荧光，称为自发荧光（或直接荧光）。在荧光显微镜下观察分离到的叶绿体时，可以看到自发荧光。叶

绿体吸附荧光染料吖啶橙后可发出橘黄色荧光，这种荧光称为次生荧光（或间接荧光）。

三、实验器具、试剂及材料

（1）器具：小型台式离心机、电子天平、组织捣碎机（或食物料理机）、100 mL 烧杯、100 mL 量筒、纱布、1 mL 微量移液器、无荧光载玻片、盖玻片、普通光学显微镜、荧光显微镜。

（2）试剂：匀浆介质[0.25 mol/L 蔗糖-0.05 mol/L Tris-HCl 缓冲液（pH=7.4）]、50%蔗糖溶液、15%蔗糖溶液。

（3）材料：新鲜菠菜。

四、实验步骤

（1）选取新鲜的嫩菠菜叶，洗净擦干后去除叶梗及粗脉，每 10 人一组称 30 g，剪碎。

（2）将洗净剪碎的菠菜叶放入组织捣碎机（或食物料理机）中，每 30 g 菠菜叶可加入预冷到近 0 ℃的匀浆介质 100 mL，调整至高速档，快速破碎 2 min。

（3）在烧杯口上铺 4 层纱布，过滤去除大组织块。烧杯中收集到的即为可用于离心的组织匀浆液，可供 10 人实验所需。

（提示：用过的纱布不要丢弃，洗净晾干后可在后续实验中重复使用）。

（4）不连续蔗糖密度梯度制备：用 1 mL 微量移液器在 1.5 mL 离心管内依次缓慢加入 50%蔗糖溶液和 15%蔗糖溶液各 0.4 mL。小心放置在试管架上，不要晃动。

[提示：制作蔗糖密度梯度时，先加浓度高的蔗糖溶液（即 50%蔗糖溶液），再加浓度低的蔗糖溶液（即 15%蔗糖溶液）。在加入 15%蔗糖溶液时，一定沿管壁小心注入上层溶液，以确保两种浓度的溶液之间的界面

尽量完好。]

(5)用 1 mL 微量移液器移取 0.6 mL 过滤好的组织匀浆液，沿离心管壁小心缓慢地加入制备好的蔗糖密度梯度最上层，特别注意尽量避免搅动和破坏蔗糖密度梯度。小心放置在试管架上，不要晃动。

(6)置于小型台式离心机中离心，8000 r/min 离心 20 min。

(7)离心后可在两种浓度的蔗糖溶液之间的界面处观察到深绿色区带，其中即富集了叶绿体(图 5.1)。

(8)用移液器或者一次性塑料吸管，在深绿色区带处轻轻吸出 1 滴含有叶绿体的悬浮液，置于载玻片中央，盖上盖玻片。用镊子轻轻按压盖玻片，让多余的液滴溢出，再用吸水纸吸去载玻片和盖玻片上多余的液滴，即可进行镜检。

(9)先在普通光学显微镜或者荧光显微镜的可见光通道下观察叶绿体形态；再在荧光显微镜下打开蓝色激发光通道，观察叶绿体的直接荧光(观察到的叶绿体示例参见图 5.2)。

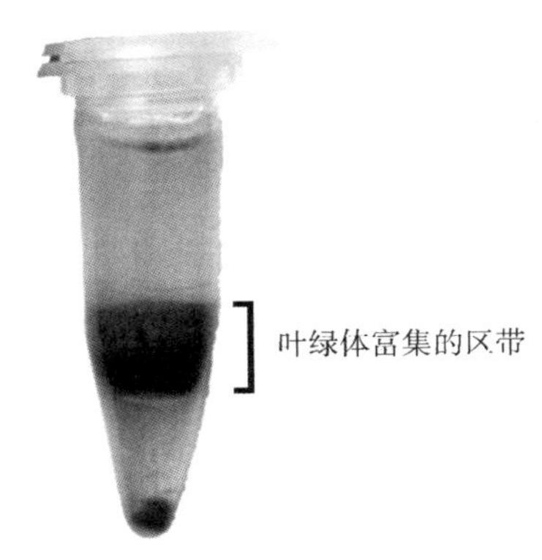

图 5.1　经过密度梯度离心后在两种浓度的蔗糖溶液之间形成的深绿色区带

五、实验结果

蓝色激发光下叶绿体显示出红色荧光(图 5.2)。

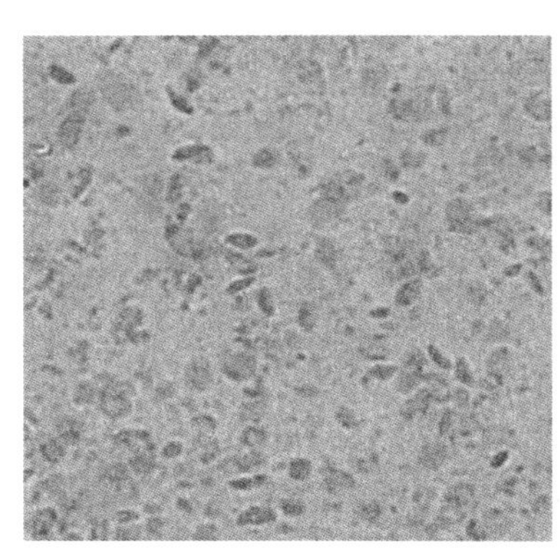
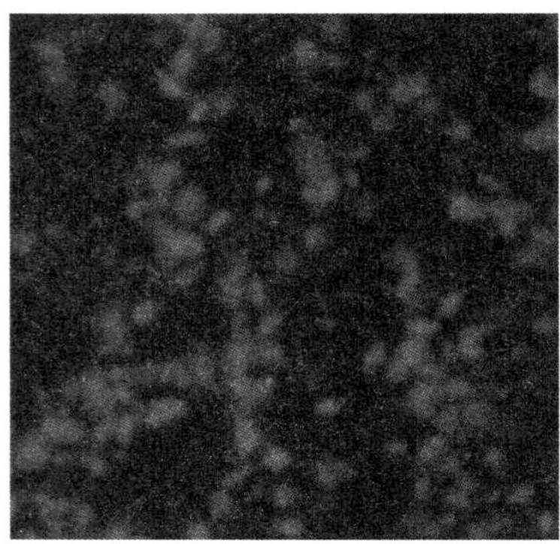

图 5.2　经过密度梯度离心分离获得的菠菜叶子中的叶绿体的鉴定示例

(左)可见光下叶绿体的形态。

(右)蓝色激发光下叶绿体的直接荧光。

(40×物镜下拍摄)

六、注意事项

(1)组织匀浆液制备:每10人一组进行菠菜叶称量、组织匀浆液制备和过滤。请利用操作步骤的间隙,将用过的组织捣碎机、纱布和烧杯及时清洗干净、晾干。

(2)每人只需取0.6 mL过滤好的组织匀浆液用于密度梯度离心。如果发现在制备蔗糖密度梯度或者在添加组织匀浆液时,蔗糖密度梯度已经被严重搅动和破坏,需要及时终止实验,重新制备蔗糖密度梯度。

(3)离心机的使用:使用离心机时一定要配平,确保离心机转头中对应的离心管孔里一定放置了等体积、等质量的离心管后再启动运行。

(4)荧光观察:利用荧光显微镜对可发荧光的物质进行检测时,会受到许多因素(如温度、光、淬灭剂等)的影响,因此在荧光观察时应抓紧时间观察样本,并尽快拍照。

(5)在使用荧光显微镜时,请不要随意拧动紫外灯箱的任何按钮,否则会破坏紫外光源的调中。

七、作业

(1)简述密度梯度离心的原理及步骤。

(2)描绘叶绿体的形态结构及直接荧光特点。

(3)密度梯度离心法与差速离心法有什么不同？在两种离心法离心结束时，亚细胞组分在介质中各呈现什么样的分布？在两种离心法中，收集各组分的方法有什么区别？

实验六　植物细胞液泡和细胞骨架的染色与观察

一、实验目的

(1)掌握植物液泡及细胞骨架的染色技术。
(2)了解植物根尖细胞的组成及根尖细胞中液泡的排列特征。
(3)了解洋葱表皮细胞骨架的形态及分布。

二、实验原理

1. 植物细胞的液泡及其染色

植物细胞与动物细胞的区别主要有:植物细胞通常有细胞壁、叶绿体、大液泡,而动物细胞则没有;动物细胞中有中心体,而植物细胞中则没有。

液泡是一种由生物膜包被的细胞器,广泛地存在于所有的植物和真菌细胞,以及部分原生生物的细胞中。液泡内充满含有各种无机物分子和有机物分子的水溶液。有机物分子包括很多处于溶解状态的酶,在某些特定情况下也含有被包裹住的固体颗粒。液泡是由一系列小的囊泡融合而成的,在功能上液泡就好像囊泡的放大版本。液泡的形状和大小并不是固定的,它的结构会因具体的细胞环境而改变。

液泡的功能是多方面的，如调节细胞的内环境；维持细胞的渗透压；贮藏各种物质，包括一些代谢废物。另外，液泡还参与植物细胞的自噬。有些衰老退化的植物细胞通过自噬被消化掉。这时液泡被破坏，其中的水解酶被释放出来，导致细胞成分的分解和细胞的死亡。2016 年，日本科学家大隅良典（Yoshinori Ohsumi）因在细胞自噬机制方面的发现而获得诺贝尔生理学或医学奖。20 世纪 90 年代，他在研究许多与液泡相关的酿酒酵母突变体时，在显微镜下看到了液泡里的小囊泡的出现，发现了与细胞自噬相关的基因，并逐渐认识到液泡与自噬体形成之间的联系。

可以采用中性红对液泡染色。中性红是一种弱碱性 pH 指示剂，在 pH 6.4～8.0 时，由红变黄。中性或弱碱性环境中，植物的活细胞能大量吸收中性红到液泡中。液泡在一般情况下呈酸性，中性红被吸收到液泡中便解离出大量阳离子而呈现樱桃红色。中性红对液泡的染色具有专一性，细胞核与细胞质几乎完全不被染色，所以液泡的颜色与周边背景颜色对比鲜明，易于被识别和观察。

根尖细胞从尖端开始通常包括根冠细胞、分生区细胞、伸长区细胞和成熟区细胞（又称根毛区细胞）（图 6.1）。经过中性红染色后，在这些不同区域的细胞中，可以观察到不同大小和数目的液泡。根冠细胞是新生细胞，内有小液泡。分生区细胞比较小，内有很多大小不等、染成玫瑰红色的圆形小泡，这些是初生的幼小液泡。伸长区细胞已分化长大，其体积增大，其中的液泡体积也增大，但数目变少，液泡的染色较浅。成熟区细胞中通常只有一个淡红色的巨大中央液泡，是由小液泡聚集融合到一起形成的，占据了细胞的绝大部分，将细胞核挤到细胞一侧贴近细胞壁处，液泡颜色更淡。所以，从根尖的分生区到成熟区，根尖细胞逐渐伸长，液泡体积逐渐增大，液泡的数量则逐渐减少。

2. 植物细胞骨架及其染色

细胞骨架是指真核细胞中的蛋白纤维网架体系，是由微管、微丝和中间纤维组成的。目前认为，植物细胞中并不存在中间纤维。细胞骨架的功能主要有：维持细胞的一定形态；参与细胞内物质运输和细胞器的移动；帮助细胞运动；在植物细胞中指导细胞壁合成等。

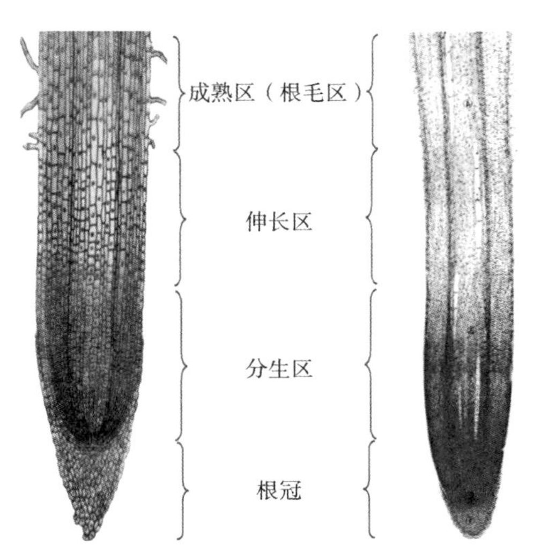

图 6.1　植物根尖细胞示意

右侧显示经过中性红染色后的根尖细胞。

当用适当浓度的非离子型去污剂 Triton X-100 处理细胞时，细胞质内结合在膜结构上的蛋白质可以被抽提掉，而细胞骨架蛋白则大多得以保存。含有 Mg^{2+} 的 M 缓冲液是使细胞骨架中的微丝保持稳定的溶液。M 缓冲液中的咪唑是缓冲剂，EGTA 和 EDTA 则可以螯合 Ca^{2+}。细胞骨架纤维在低钙条件下可以保持聚合状态，并且较为舒展，便于观察。经过戊二醛固定，再用蛋白质的特异性染料考马斯亮蓝（Coomassie brilliant blue，CBB）染色后，就可以在光学显微镜下观察到细胞骨架的网状结构。

三、实验器具、试剂及材料

（1）器具：解剖盘、剪刀、镊子、双面刀片、载玻片、凹面载玻片、盖玻片、表面皿、豆芽机、吸管、吸水纸、普通光学显微镜。

（2）试剂：林格溶液、M 缓冲液、磷酸盐缓冲液（PBS）、1％ Triton X-100、中性红染色液、0.2％考马斯亮蓝 R250 染色液、3％戊二醛。

①林格溶液配方：氯化钠（NaCl）0.85 g，氯化钾（KCl）0.03 g，氯化钙

($CaCl_2$)0.033 g,蒸馏水 100 mL。

②M 缓冲液配方:咪唑(imidazole)3.40 g,氯化钾(KCl)3.73 g,氯化镁($MgCl_2 \cdot 6H_2O$)0.1 g,EGTA 0.38 g,EDTA 0.0336 g,β-巯基乙醇 70 μL[也可以使用 0.154 g 二硫苏糖醇(dithiothreitol,DTT)来替代],甘油 294.8 μL,加蒸馏水定容至 1 L,调 pH 至 7.2。

③中性红染色液配方:称取 0.5 g 中性红溶于 50 mL 林格溶液中(即先配成浓度为 1%的中性红溶液),稍加热 (30～40 ℃)使之很快溶解,用滤纸过滤,装入棕色瓶于暗处保存,否则易氧化沉淀,失去染色能力。临用前,取已配制的 1%中性红溶液 1 mL,加入 29 mL 林格溶液混匀,装入棕色瓶备用。

④0.2%考马斯亮蓝 R250 染色液配方:先将 0.2 g 考马斯亮蓝 R250 溶解于 45 mL 甲醇中,再加入 10 mL 冰醋酸,然后用蒸馏水(约 45 mL)定容至 100 mL。此染液存放在 4 ℃时,至少在 6 个月内保持稳定。

(3)材料:黄豆芽或者绿豆芽、洋葱。

四、实验步骤

1. 植物活细胞内液泡的染色和观察

(1)豆苗培养:实验前把黄豆或绿豆培养在培养皿内潮湿的滤纸上,使其发芽,胚根伸长到 1 cm 以上。也可以使用家用小型豆芽机来准备黄豆芽或绿豆芽材料。

(2)根尖切片:用刀片把初生的黄豆或绿豆幼苗根尖(长度 1～2 cm)沿长轴纵切,获得 2 片纵切的根尖材料。

(3)染色:在干净的载玻片中央滴 2 滴中性红染色液,将纵切的根尖材料放在染液中,染色 5～10 min。

(4)制片:用吸水纸小心吸去染液,滴 1 滴林格溶液,在染色后的根尖材料上盖上盖玻片,并用镊子轻轻地下压盖玻片,使根尖压扁,这样更利于观察。可用吸水纸吸去溢出的液体。

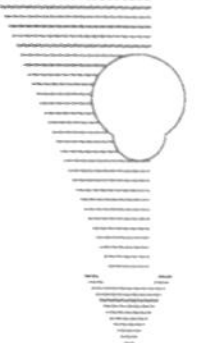

(5)镜检:把制备好的临时封片放置在普通光学显微镜下,观察植物根尖液泡。

2. 洋葱表皮细胞骨架的染色和观察

(提示:在以下实验步骤中,需要多次移取缓冲液、固定液、染色液、水等,可以使用移液管移取液体,参考 1.5 mL 离心管管壁上的刻度线添加所需液体体积即可,不需要使用微量移液器。)

(1)撕取洋葱鳞叶内表皮若干片,大小约 1 cm^2,置于 1.5 mL 离心管中。

(2)用大约 500 μL PBS 浸泡片刻(大约 1 min 即可)。

(3)吸去 PBS,用大约 500 μL 1% Triton X-100 处理 20 min,增加细胞膜的通透性,同时抽提细胞骨架以外的蛋白质。

(4)吸去 Triton X-100,用大约 500 μL M 缓冲液洗 3 次,每次 3 min。

(提示:M 缓冲液有稳定细胞骨架的作用。)

(5)用大约 500 μL 3%戊二醛固定 15~20 min。

(6)用大约 500 μL PBS 冲洗 3 次,每次 3 min。最后一次冲洗后,尽量吸净 PBS。

(7)加入大约 500 μL 0.2%考马斯亮蓝 R250 染色液,静置染色 15 min。

(8)用大约 500 μL 蒸馏水冲洗 2 次。最后一次冲洗后,保留 1 小滴蒸馏水在管底。

(9)用镊子从离心管中小心取出洋葱鳞叶内表皮,置于载玻片上,展平,保留 1 小滴蒸馏水在内表皮上,盖上盖玻片,用镊子轻轻按压盖玻片,去除气泡,在光学显微镜下观察。

五、实验结果

(1)观察到的根尖细胞及液泡示例参见图 6.2。

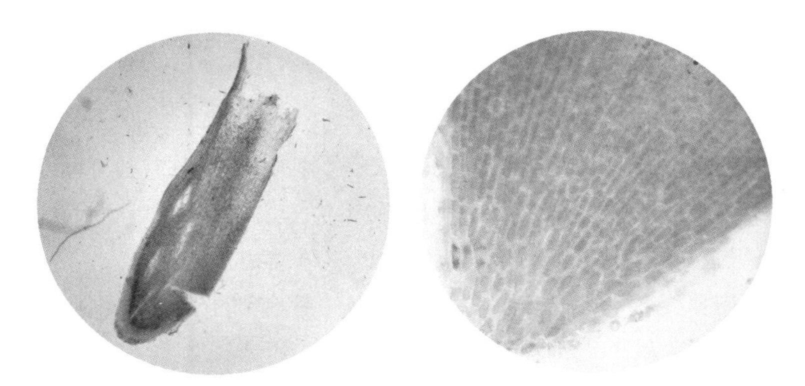

图 6.2　经过中性红染色的黄豆芽根尖细胞示例

（左）在低倍镜下观察到的根尖整体观（10×）。

（右）在高倍镜下的根尖局部放大图（40×）。

（2）观察到的洋葱表皮细胞中的细胞骨架示例参见图 6.3。

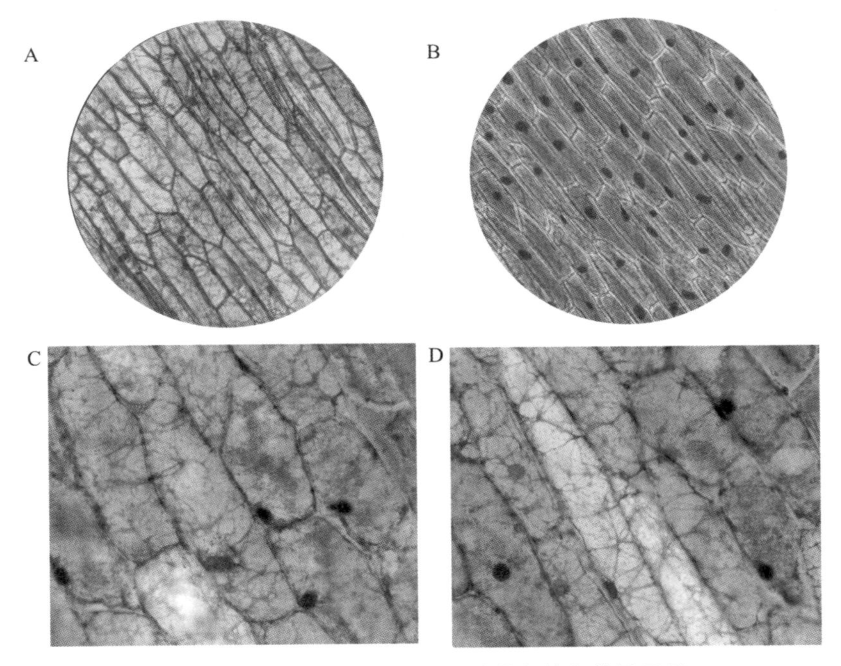

图 6.3　洋葱表皮细胞中的细胞骨架染色结果示例

（A,B）在低倍镜（20×）下观察到的洋葱表皮细胞及细胞骨架，B 中显示的细胞核大多也被考马斯亮蓝 R250 染色。

（C,D）在高倍镜（40×）下观察到的洋葱表皮细胞及细胞骨架。

六、注意事项

(1)在制备用于植物液泡观察的临时封片时,在染色后的样本上放置盖玻片后,用镊子轻轻地下压盖玻片,使根尖压扁,但不宜用力过大,以防根尖组织被压得太烂,不利于观察根尖的整体结构。

(2)撕取洋葱鳞叶内表皮时,越薄越好,越有利于内表皮细胞被固定和染色。

七、作业

(1)描绘绿豆芽或黄豆芽根尖细胞及液泡。

(2)描绘洋葱表皮细胞骨架的形态和分布。

(3)最终在经过染色的洋葱表皮细胞内所观察到的网络状结构中,都只是包含微管、微丝蛋白吗?

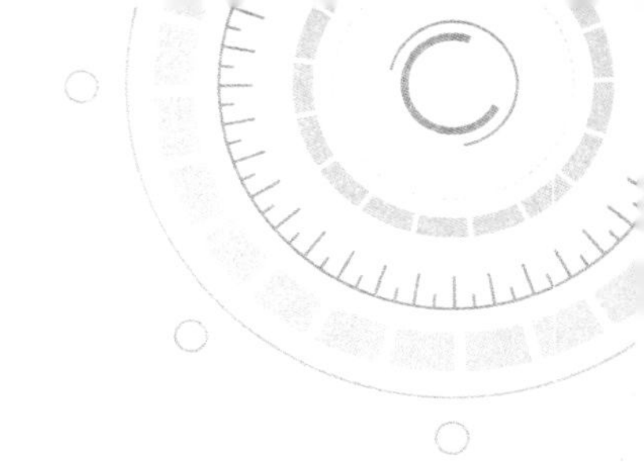

实验七　兔血细胞的计数

一、实验目的

(1)学习并掌握血球计数板的使用方法。

(2)利用显微镜并借助血球计数板,计算单位体积的液体中所含细胞或微小生物的数量。

二、实验原理

1. 细胞计数法

细胞计数就是从需要计数的细胞悬浮液中取一定量细胞进行计数,并通过计算得知原始细胞悬浮液中的细胞密度以及细胞总数。细胞计数是生物学和医学检验工作者最基本也是最常用的技术之一。

常用的细胞计数方法有人工显微镜计数法和电子计数仪计数法。在人工显微镜计数时,需要用到血球计数板,也叫血细胞计数板。虽然叫血球计数板,但它除了可以用于对人体内红细胞、白细胞等血细胞进行显微镜计数,也常用于计算一些细菌、真菌(如酵母)等微生物的数量和浓度。人工显微镜计数的缺点是计数误差大、费时、费力。而电子计数仪计数法则需要特殊的电子计数仪,其优点是准确、简便、快速。但是由于价格较

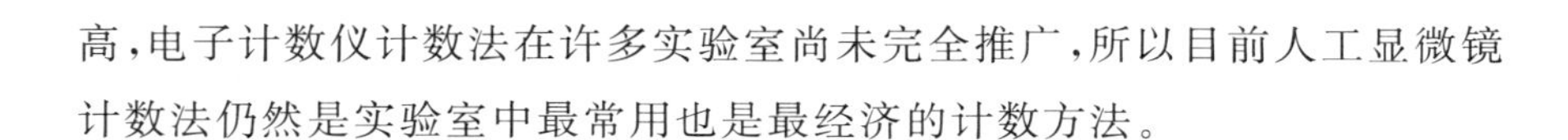

高，电子计数仪计数法在许多实验室尚未完全推广，所以目前人工显微镜计数法仍然是实验室中最常用也是最经济的计数方法。

2. 血球计数板的构造

如图 7.1 所示，血球计数板是由一块特制的优质厚玻璃制成，上面有 4 条与长边垂直的凹槽，每 2 个槽之间构成一个平台，所以共有 3 个平台，中间平台较宽。另外，中间平台又由一条与长边平行的短槽将其一分为二。中间平台比两侧平台低 0.1 mm，在加盖了盖玻片之后，就会形成深度为 0.1 mm 的两个计数池，细胞悬浮液就是填充在这两个供细胞计数用的计数池内。在每个计数池内，各刻有一个方格网。方格网的边长为 3 mm，分为 9 个大方格。其中，只有正中央的一个大方格供细胞计数用，称为计数区。计数区大方格的长和宽均为 1 mm，深度为 0.1 mm，盖上盖玻片后容积为 0.1 mm^3，相当于 0.0001 mL(万分之一毫升，即 0.1 μL)。

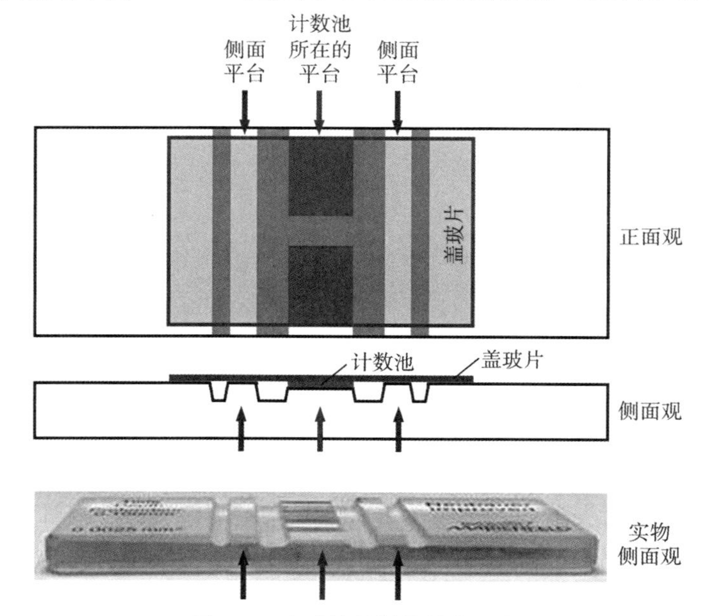

图 7.1　血球计数板的结构示意

中间箭头指示的是上、下两个计数池所在的中央平台。两侧箭头指示的是夹在两侧凹槽之间的两个侧面平台。中央平台比两侧平台低 0.1 mm。示意图中灰色区域标出的为 4 个与计数板长边方向垂直的凹槽以及 1 个与长边平行的短凹槽。

计数区大方格用双线分成25个中方格，每个中方格用单线划分为16个小方格。所以，计数区大方格由400个小方格所占区域界定(图7.2)。

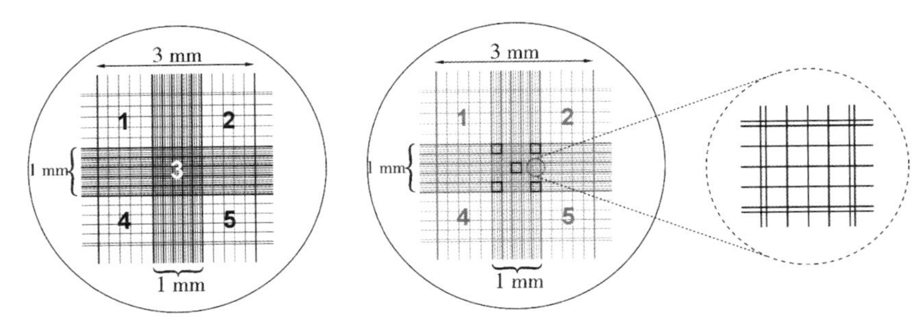

图7.2　血球计数板计数区的网格示意

(左)规格为“25中方格×16小方格”的计数板的计数区网格细部。

(中)突出显示用于计数的5个中方格。

(右)计数区1个中方格的放大，显示其中的16个小方格。

有些血球计数板的计数区由16个中方格组成，每个中方格用单线划分为25个小方格。但不管计数区是哪一种构造，它们都有一个共同的特点，即每一大方格都是由25×16或者16×25＝400个小方格组成，计数区大方格的边长均为1 mm，因而计数区所占区域的面积均为1 mm^2。

3. 细胞计数和计数时需要遵循的原则

在细胞计数时，若细胞在悬浮液中的浓度太高，可先进行必要的稀释。计数时，并不需要计数中央计数区大方格中的所有细胞。如果使用“25中方格×16小方格”规格的计数板，需要计数4个对角线方位4个中方格以及正中央的1个中方格(即共计80个小方格)中的细胞数。如果使用“16中方格×25小方格”规格的计数板，则只需要计数4个对角线方位4个中方格(即共计100个小方格)中的细胞数。

在进行细胞计数时，需要遵循3个基本原则：

(1)S形计数原则(图7.3左)：计数时为防止重复和遗漏，应按一定的顺序依次计数。每一个中方格的第一行，先自左向右数到最后一小格，下一行小格子则自右向左，再下一行又自左向右，即呈S形计数。这样可以确保计数区每个中方格内16个小方格内的细胞都被依次计数。

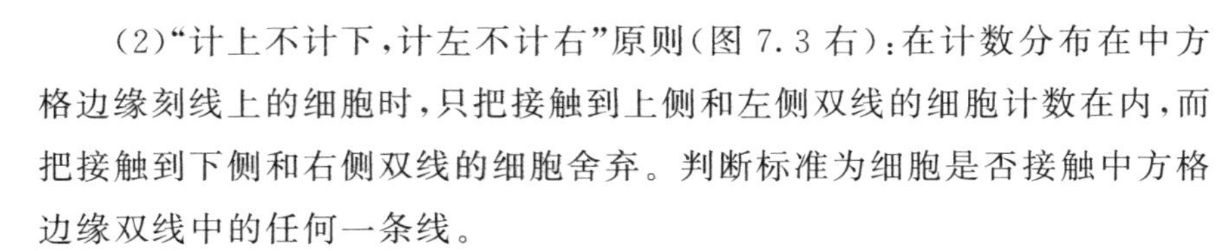

(2)“计上不计下,计左不计右”原则(图 7.3 右):在计数分布在中方格边缘刻线上的细胞时,只把接触到上侧和左侧双线的细胞计数在内,而把接触到下侧和右侧双线的细胞舍弃。判断标准为细胞是否接触中方格边缘双线中的任何一条线。

(3)如果发现各个中方格中的细胞数目相差 20 个以上,表明细胞分布不均匀,须重新计数。

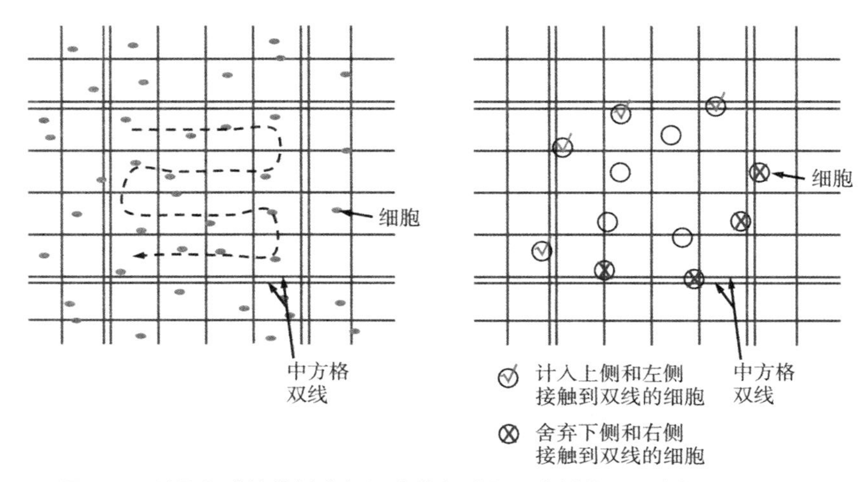

图 7.3　利用血球计数板进行细胞计数时需要遵循的 S 形计数原则(左)和“计上不计下,计左不计右”原则(右)的示意

4. 细胞浓度的计算

计数结束后,可以以下面的公式计算每毫升培养基或细胞悬浮液中细胞的个数:

每毫升培养基或细胞悬浮液中细胞的个数=每个大方格内细胞的平均数×细胞稀释倍数×10^4

根据计数区规格的不同,也可以按照如下细胞浓度计算公式:

(1)对于 25 中方格×16 小方格的血球计数板:

细胞浓度(个/mL)=(80 个小方格内细胞个数÷80)×400×10^4×稀释倍数

(2)对于 16 中方格×25 小方格的血球计数板:

细胞浓度(个/mL)=(100 个小方格内细胞个数÷100)×400×10^4×稀释倍数

三、实验器具及材料

(1)器具:血球计数板、手持式计数器、盖玻片、吸水纸、普通光学显微镜。

(2)材料:兔血。

四、实验步骤

(1)取血球计数板,检查计数板是否清洁,如有污垢,应先洗涤干净并擦干。然后将计数板放于低倍镜下,先熟悉计数室的构造。小心地加盖玻片盖住两个计数池及两边的小槽。

(2)充液:将待测细胞悬浮液轻轻振荡摇匀,用滴管或者微量移液器吸取 1 小滴稀释 200 倍的兔血,滴在盖玻片边缘的血球计数板玻片上,使稀释血液借毛细现象自动渗入计数室中。如滴入过多,液体会溢出甚至流入两侧小槽内,使盖玻片浮起,造成计数室内液体体积变大,会影响计数结果。这时需用吸水纸把多余的溶液吸出,以槽内没有溶液为宜。如滴入溶液过少,或者经过多次反复、间断充液,易产生气泡,也会使计数结果不准确(图 7.4)。这时,应洗净计数室,擦干后重新充液。

(3)计数:充液后静止 1～2 min,待红细胞下沉后,方可进行计数。先在低倍镜下找到需要观察计数的大方格及中方格,将中方格移到视野中央,然后拨动转换器移至高倍镜(不要超过 40×)进行计数。如果使用规格为"25 中方格×16 小方格"的计数板,那么就需要计数计数区大方格四角及中央共 5 个中方格内的 80 个小方格中所有红细胞数。在进行细胞计数时,需要遵循 S 形计数原则和"计上不计下,计左不计右"原则(图 7.3)。另外,如果发现 5 个中方格中的细胞数目相差 20 个以上,须重新计数,以消除由于细胞分布不均匀造成的计数误差。

(4)记录与计算:

每小格细胞分布平均数＝5 个中方格内的 80 个小方格中所有红细胞数÷80

每毫升兔血中红细胞数量＝细胞分布平均数×稀释倍数×400×10^4

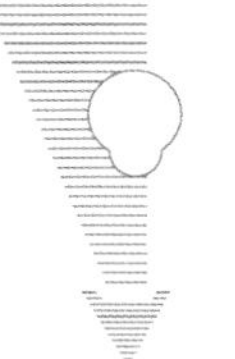

（提示：在细胞计数前，细胞悬浮液通常已经进行了稀释，所以在计算细胞浓度时，不要忘记乘以稀释倍数。）

(5)实验结束后，取下盖玻片，将所使用的血球计数板用清水清洗干净，自行晾干或用软纸擦干，放入盒内保存，统一归还原位。

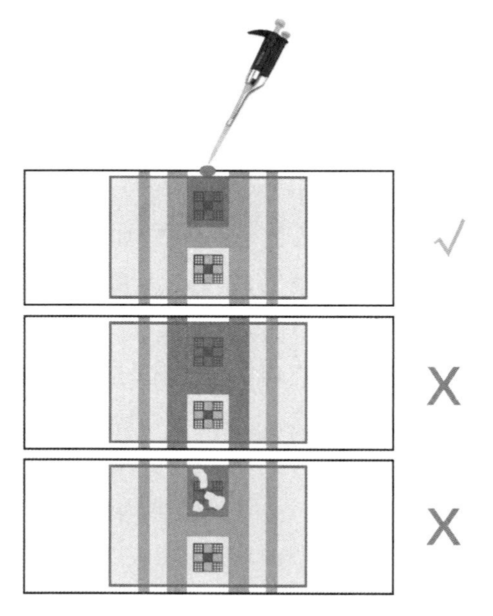

图 7.4　充液时可能出现的几种情况示意

(上)充液适当。

(中)充液过多，液体溢出计数池流入两侧凹槽内。

(下)充液不足，产生气泡。

五、注意事项

(1)血球计数板为精密实验器具，注意轻拿轻放，确保其不被损坏。

(2)摇匀后取液。在吸液前，需将待测细胞悬浮液轻轻振荡摇匀，使细胞分布均匀，防止细胞聚集成团或者沉淀，从而提高计数的代表性和准确性。

(3)先加盖玻片后充液。充液前，应先在血球计数板上盖上盖玻片，再用滴管吸取少许细胞悬浮液，从计数区所在中央平台沿盖玻片的边缘滴入 1 小滴悬浮液，利用液体的表面张力一次性充满计数区。

(4)血球计数板计数区的网格分隔线为蚀刻成的无色线条，在普通显微镜亮视野下不容易辨认，需要调节显微镜的光源亮度以及孔径光阑大小才能看到比较清晰的图像。在相差显微镜下，网格分隔线更容易辨认(图 7.5)。

(5)使用血球计数板进行细胞计数时，通常不需要使用油镜。一方面，由于在高倍镜下，在一个视野范围内只能看到计数区大方格的局部，在计数时需要多次反复移动载物台来更换视野，容易造成遗漏计数的方格；另一方面，由于血球计数板比普通载玻片更厚，而油镜镜头的工作距离很小，很容易在转换镜头时压碎血球计数板。

(6)计数完毕清洗血球计数板时，切勿用硬物洗刷或抹擦，以免损坏网格刻度。

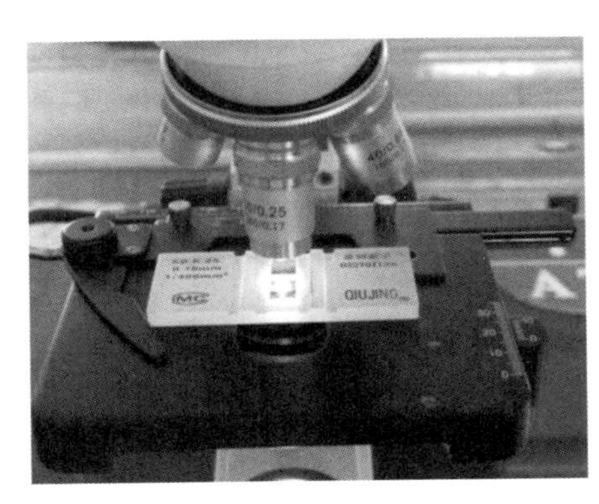

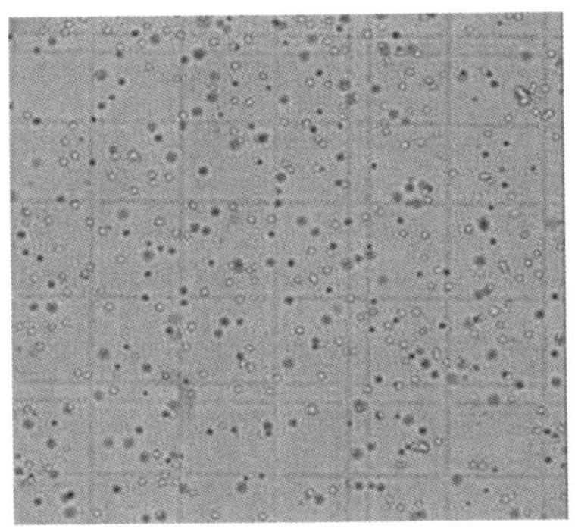

图 7.5　相比普通亮视野显微镜，在相差显微镜下更容易分辨出血球计数板的计数区网格分隔线

(左)在普通显微镜亮视野下，需要调节显微镜的光源亮度以及孔径光阑大小才能看到比较清晰的计数区的网格分隔线。

(右)在相差显微镜下看到的网格分隔线和细胞更清晰。

六、作业

计算出每立方厘米(即每毫升)的兔血中所含红细胞的数量,即兔血中红细胞的浓度。

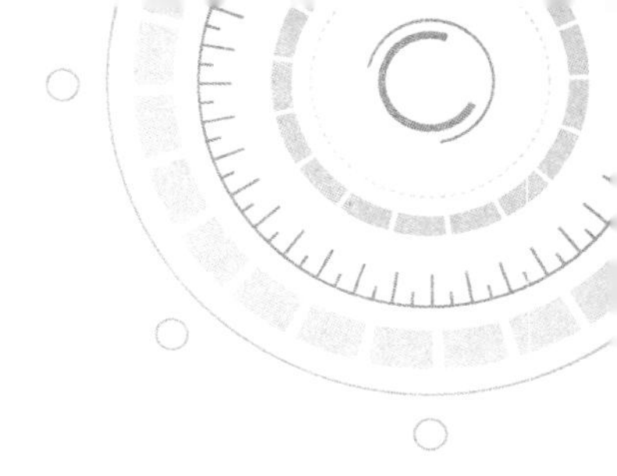

实验八　鸭血细胞大小的测量

一、实验目的

(1)学习并掌握显微测微尺的使用方法,借助显微镜的镜台测微尺和目镜测微尺,两尺配合使用,进行测量和计算,得出细胞的大小。

(2)增强对细胞和细胞器真实大小的感性认识,建立对真核细胞大小的概念。

二、实验原理

细胞和细胞器的大小是细胞重要的形态特征之一。由于细胞和细胞器一般都很小,其大小通常只能在显微镜下来进行测量。在显微镜下测量细胞大小需要用到两个工具,即刻有一定刻度的测微尺——目镜测微尺和镜台测微尺(也称物镜测微尺),两尺需配合使用。

(1)目镜测微尺:顾名思义,目镜测微尺就是放在目镜镜筒内的标尺,是一个圆形的小玻片,外形类似于圆形盖玻片,但是较盖玻片稍厚。玻片中央刻有精确等分的刻度,根据刻度线的形式,目镜测微尺可以分为3种,即分划尺(也叫水平尺)、十字尺和网格尺,其中最为常见的是分划尺(图8.1)。目镜测微尺一般均等划分为100个小格。虽然目镜测微尺上有刻度,但它们并不代表绝对长度。需要注意的是,每个小格所代表的实际长度因物镜的放大倍数和镜筒长度不同而不同。因此,在使用目镜测微尺实际测量细胞大小时,须先用镜台测微尺校正,以求出在一定放大倍数下目镜测微尺每小格所代表的相对长度。使用时,拧开目镜镜筒的上透镜,将目镜测微尺轻轻放在中部的环形光阑上,此处正好与物镜放大的中间像重叠。注意在放置时,要让有刻度的面朝下,避免标尺数字读起来是反的。

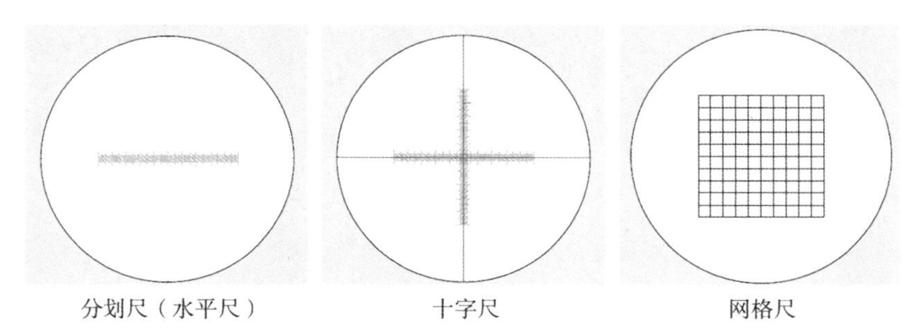

图 8.1　常见的 3 种目镜测微尺示意

(2)镜台测微尺:镜台测微尺是一个封固在载玻片中央圆形区域内的标尺,标尺的外围有一个黑色的小圆环,以方便在显微镜下寻找标尺位置(图 8.2)。标尺的圆环上覆盖有一个圆形盖玻片,并用树胶封固,用于保护标尺不被磨损。镜台测微尺长度一般为 1 mm,被精确等分成 100 个小格。所以,每个小格实际长度为 0.01 mm(也就是 10 μm)。使用时,将镜台测微尺盖玻片一面朝上放在载物台上,先用低倍镜观察,调节焦距后即可看清镜台测微尺的刻度。镜台测微尺上的刻度代表精确的绝对长度,是专门用来校正目镜测微尺的。

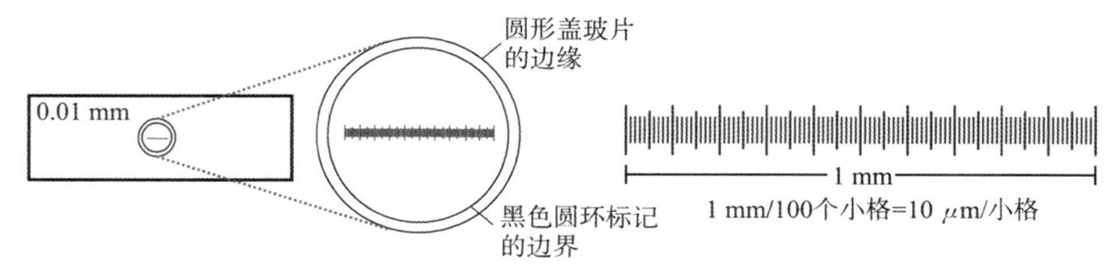

图 8.2　镜台测微尺示意

(左)刻有镜台测微尺的玻片外观示意图。

(中)镜台测微尺所在区域的局部放大示意图。

(右)镜台测微尺的刻度线。镜台测微尺长度为 1 mm,均分为 100 个小格,每个小格的刻度值为 10 μm。

(3)目镜测微尺刻度的校正和核实：目镜测微尺每个格子刻度所代表的实际长度因物镜的放大倍数和镜筒长度不同而不同，所以当用目镜测微尺来测量细胞的大小时，必须先用绝对长度的镜台测微尺来校正不表示绝对长度的目镜测微尺，计算出目镜测微尺每个小格在一定放大倍数下所代表的实际长度。

校正时，需要在特定放大倍数的物镜下，移动镜台测微尺，同时转动目镜，使目镜测微尺与镜台测微尺平行靠近，并将两尺的“0”点刻度线或某刻度线对齐。从左向右查看两尺刻度线另外一重合处，记录重合线间目镜测微尺与镜台测微尺的格数(图 8.3 左)。

需要提醒的是，在实际操作过程中，你会发现目镜测微尺与镜台测微尺的刻度线粗细程度可能差异较大，尤其是在放大倍数较大的物镜镜头下，这时候镜台测微尺与目镜测微尺刻度线重合的标准会变得很主观。为了避免主观因素引入的误差，可以遵循两尺的刻度线左边缘对齐，或者右边缘对齐的原则(图 8.3 右)，并且始终保持同一标准。

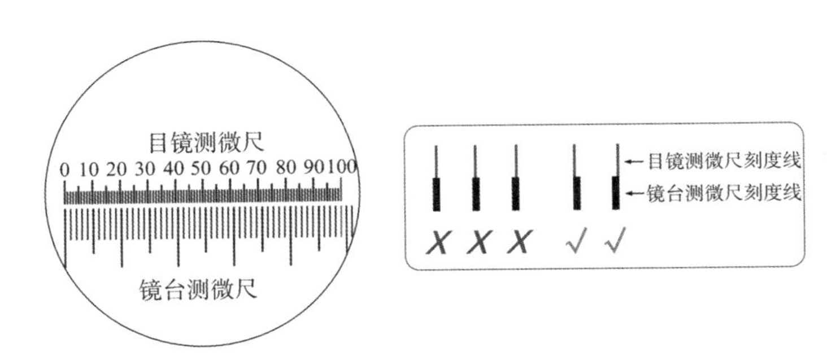

图 8.3　目镜测微尺与镜台测微尺平行靠近并对齐示意

(左)目镜测微尺与镜台测微尺对齐示例。在本例中，目镜测微尺第 100 条刻度线与镜台测微尺的第 49 条刻度线是对齐的。

(右)两尺的刻度线左边缘对齐，或者右边缘对齐原则示意图。

针对每一个不同放大倍数的物镜镜头，都需要分别校正和计算目镜测微尺每小格的实际长度。其计算公式是：

目镜测微尺每格所代表的实际长度=(两重合线间镜台测微尺的格数/两重合线间目镜测微尺的格数)×10 μm

在完成目镜测微尺在不同放大倍数的物镜镜头下每格所代表的长度的计算后，就可以移去镜台测微尺，换上待测标本片，用校正好的目镜测微尺在特定放大倍数下测定标本上细胞长轴和短轴占目镜测微尺的格数，就可计算该细胞的大小。

目前，很多研究级别的显微镜都安装了数码照相机，这让利用显微镜进行细胞和细胞器大小测量更加便捷。这时，不再需要目镜测微尺，但仍然需要使用镜台测微尺校正物镜。方法是：在特定放大倍数下对镜台测微尺拍照后，利用电脑软件把图片像素折算成长度（以 μm 为单位），再使用专业级的测量软件进行细胞大小的测量。

三、实验器具、试剂及材料

（1）器具：物镜测微尺、目镜测微尺、载玻片、盖玻片、吸水纸、普通光学显微镜。

（2）试剂：磷酸盐缓冲液（PBS）、瑞氏染液（由伊红和亚甲蓝混合染料溶于甲醇中制得）。

①瑞氏染液配方：瑞氏染料 1 g、甲醇 600 mL。

②瑞氏染液制备方法：先称 1 g 干燥后的瑞氏染料（事先放入恒温箱干燥过夜）放置乳钵内，用乳棒轻轻敲碎染料成粉末，再行研磨至听不到研芝麻声即呈细粉末，加少许甲醇溶解研磨，使染料在乳缸内显“一面镜”光泽而无染料粉粒沉着。再加较多量甲醇研磨呈一面镜光亮，静置片刻，将上层液体倒入一清洁储存瓶内（最好用甲醇空瓶），继续加甲醇研磨，重复数次，至乳钵内染料及甲醇用完为止，摇匀，密封瓶口。室温下避光保存，储存愈久，染料溶解、分解就越好，一般储存 3 个月以上为佳。

（3）材料：鸭血。

四、实验步骤

1. 测微尺的使用操作和目镜测微尺每格所代表的实际长度的计算

(1)将一侧目镜从镜筒中拔出,旋开目镜下面的部分,将目镜测微尺刻度向下装在目镜的焦平面上,重新把旋下的部分装回目镜,然后把目镜插回镜筒中。

(2)将镜台测微尺盖玻片面(刻度面)朝上放在载物台上夹好,移动测微尺刻度线位于视野中央。先用低倍镜观察,调节焦距至看清镜台测微尺的刻度。

(3)小心移动镜台测微尺,同时转动目镜,使目镜测微尺与镜台测微尺平行靠近,并将两尺的"0"点刻度线或某刻度线对齐(示例参见图8.4)。然后从左向右查看两尺刻度线另一重合处,记录两条重合线间目镜测微尺与镜台测微尺的格数。

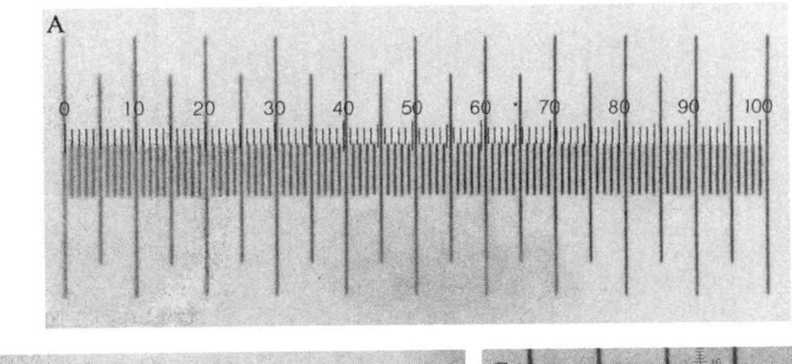

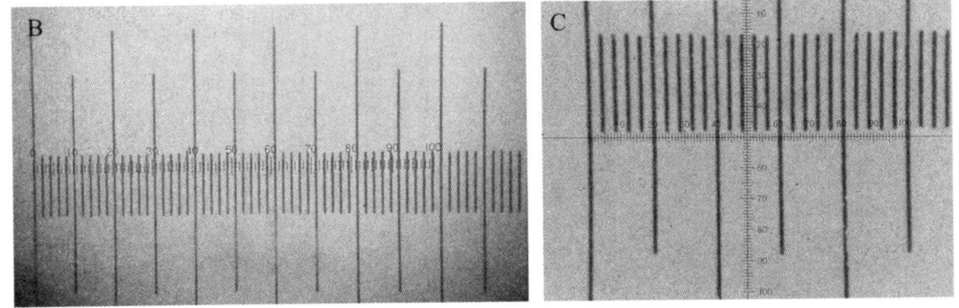

图 8.4　不同物镜倍率下目镜测微尺与镜台测微尺对齐示例

(A)10×物镜倍率下。

(B)20×物镜倍率下。

(C)40×物镜倍率下。

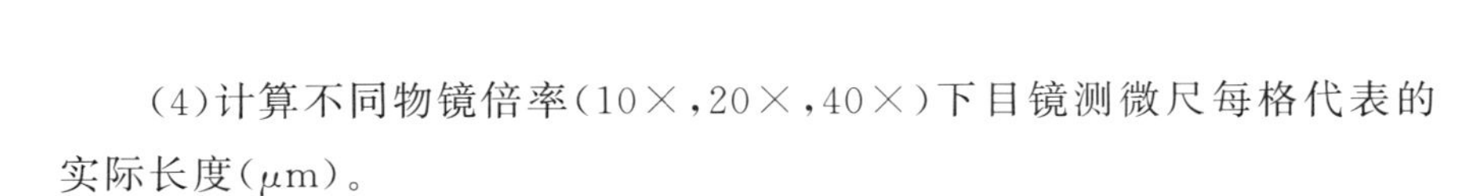

(4)计算不同物镜倍率(10×,20×,40×)下目镜测微尺每格代表的实际长度(μm)。

(5)目镜测微尺校正结束后,取下镜台测微尺,放入盒内保存,统一归还原位。

2. 鸭血涂片的制作与染色

(1)将 1 滴绿豆大小的鸭血滴于清洁载玻片的一端。

(2)另取边缘平滑的载玻片作为推片,将推片一端放在血滴的前方,轻轻后移使其接触血滴并使血滴沿推片边缘均匀展开,然后将推片与玻片保持 30°～40°夹角,轻轻用力,均匀而迅速地将推片沿载玻片表面向前推至玻片另一端,形成头体尾明显的舌形血膜。静置鸭血涂片,于空气中干燥。

(3)将制备好的鸭血涂片放在染色盘架上,滴几滴瑞氏染液覆盖涂片部分,静置染色 1 min。滴加等量磷酸盐缓冲液(PBS),轻轻摇动混匀,再静置,继续染色 5～10 min。最后,用清水从玻片的背面冲洗,让水流从侧面缓缓流到玻片正面,这样可以避免染色后的细胞被水流带走。用吸水纸吸干背面和正面的大部分水滴,但保留涂片正面中央的部分水滴,加盖盖玻片后即可进行观察和测量。

3. 鸭血红细胞的观察与大小的测量

(1)移去镜台测微尺,换上鸭血涂片。

(2)先用低倍镜观察全片,了解涂片上细胞染色和分布情况,再转换至高倍物镜下做进一步观察。

(3)选择细胞分布均匀的区域,在 40×物镜下用目镜测微尺分别测量 10 个鸭血红细胞的长轴和短轴,最后计算其平均值,单位为微米(μm)。

(提示:染色后的细胞更容易分辨出细胞和细胞核的轮廓,本实验是对经过瑞氏染液染色后的鸭血细胞进行观察与大小测量。实际上,也可以利用校正后的目镜测微尺直接测量未经染色的活细胞的大小。)

五、注意事项

(1)镜台测微尺和目镜测微尺为精密实验器具,注意轻拿轻放,确保其不被损坏。

(2)镜台测微尺放置在载物台上时,一定要正面朝上,否则在高倍镜下调焦时很容易压碎镜台测微尺。

(3)确定镜台测微尺的正面有两个小窍门:其一,通常在镜台测微尺正面的左上角或右上角位置会印有"0.01 mm"字样;其二,镜台测微尺正面覆盖了盖玻片,可以用手指触摸到。

(4)请不要在带有镜台测微尺的玻片上制作鸭血涂片并测量细胞大小。

(5)如此校正后的目镜测微尺的长度,仅适用于测定时使用的显微镜,且在该目镜与物镜的放大倍率下。因此,标定的校正值只能用于在同一台显微镜、同一放大倍数下进行的测量。

(6)由于显微镜下每个细胞的方向不总是与目镜测微尺方向一致,因此测量细胞的长轴和短轴时,需要根据细胞的方向旋转目镜镜筒,使目镜测微尺与细胞的长轴或短轴平行(图 8.5)。

(7)细胞的长轴或短轴长度并不总是恰好为目镜测微尺的整数倍刻度,大多需要估算小数点后一位,如 5.6 格、7.3 格等。

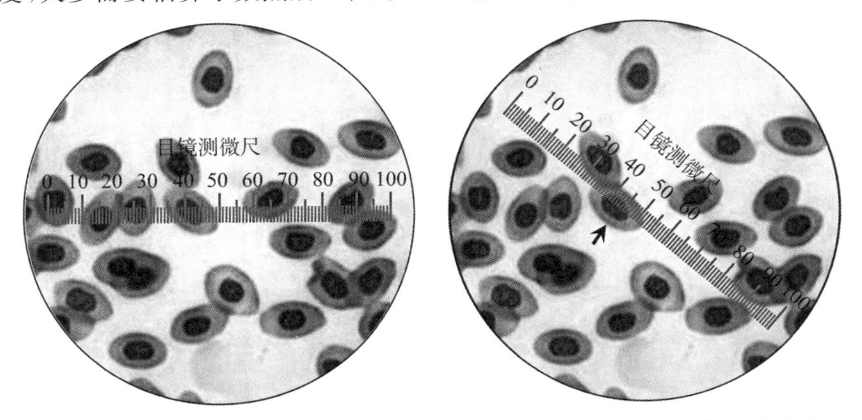

图 8.5　测量细胞大小时,可以通过旋转目镜镜筒使目镜测微尺与细胞对齐

使用目镜测微尺测量细胞大小时,需要根据细胞的方向旋转目镜镜筒,使目镜测微尺与细胞的长轴或短轴平行。黑色箭头指示被测量其长轴的鸭血红细胞。

六、作业

(1)分别校正并计算不同物镜放大倍数(10×,20×,40×)下目镜测微尺每格代表的实际长度(μm)。

(2)用校正后的目镜测微尺在40×物镜下,分别测量10个鸭血红细胞的长轴和短轴,最后计算其平均值,单位为微米(μm)。

(3)鸟类(鸭)与哺乳类动物(兔)的血细胞常用作实验材料,你是否注意到这两类动物的血红细胞在大小及形态上有哪些明显的差异?

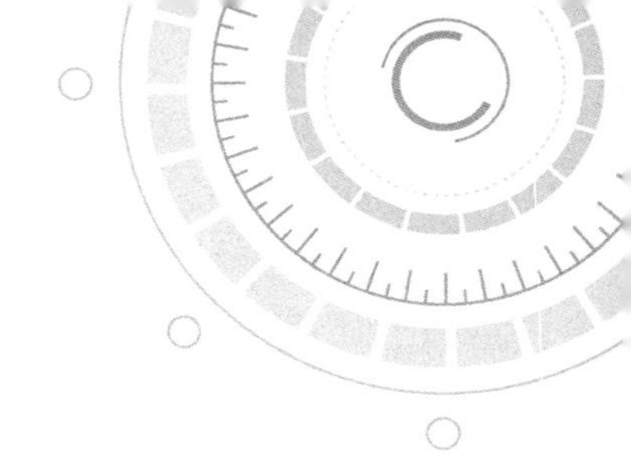

实验九　人类细胞巴氏小体的观察

一、实验目的

(1)学习和掌握人体巴氏小体的制片技术。

(2)观察巴氏小体。

(3)了解巴氏小体数目与人类性别畸形的关系。

(4)了解异固缩现象。

二、实验原理

在哺乳动物体细胞核中,除一条X染色体外,其余的X染色体常浓缩成染色较深的染色质体,此即为巴氏小体(Barr body),又称X小体。巴氏小体通常位于间期核膜边缘,呈现半圆形、三角形、卵形、短棒形及双球形等形状,直径约为1 μm。1949年,美国学者巴尔(M.L. Barr)等发现雌猫的神经细胞间期核中有一个深染的小体而雄猫却没有。巴氏小体的数目=X染色体数目-1。对于人类,男性细胞核中很少或根本没有巴氏小体,而女性则有1个。之后的研究表明,巴氏小体就是性染色体异固缩(细胞分裂周期中与大部分染色质不同步的螺旋化现象)的结果,其上的基因基本不转录。

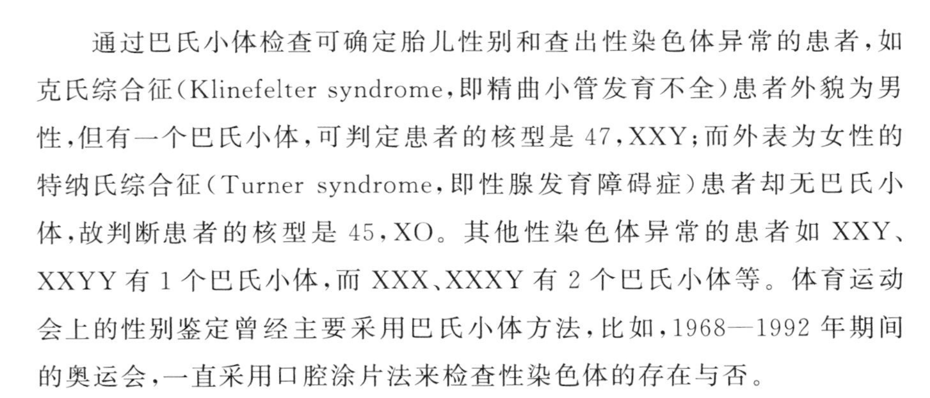

通过巴氏小体检查可确定胎儿性别和查出性染色体异常的患者，如克氏综合征(Klinefelter syndrome，即精曲小管发育不全)患者外貌为男性，但有一个巴氏小体，可判定患者的核型是47，XXY；而外表为女性的特纳氏综合征(Turner syndrome，即性腺发育障碍症)患者却无巴氏小体，故判断患者的核型是45，XO。其他性染色体异常的患者如XXY、XXYY有1个巴氏小体，而XXX、XXXY有2个巴氏小体等。体育运动会上的性别鉴定曾经主要采用巴氏小体方法，比如，1968—1992年期间的奥运会，一直采用口腔涂片法来检查性染色体的存在与否。

1961年，英国学者莱昂(Mary Lyon)提出了阐明哺乳动物剂量补偿效应和形成巴氏小体的X染色体失活的假说，即“莱昂假说”(Lyon hypothesis)，其内容主要是：①正常雌性哺乳动物体细胞中的两个X染色体之一在遗传性状表达上是失活的；②在同一个体的不同细胞中，失活的X染色体可来源于雌性亲本，也可来源于雄性亲本；③失活现象发生在胚胎发育的早期，一旦出现则从这一细胞分裂增殖而成的体细胞克隆中失活的都是同一来源的染色体。

三、实验器具、试剂及材料

(1)器具：显微镜、载玻片、盖玻片、无菌牙签等。

(2)试剂：1 mol/L或5 mol/L盐酸，或浓盐酸和95%乙醇1∶1的混合液；改良苯酚品红染色液。

(3)材料：男、女性口腔颊部黏膜上皮细胞、头发根部的毛囊细胞。

四、实验步骤

1. 口腔黏膜上皮细胞巴氏小体显示方法

(1)取材与固定：实验前用可食用水漱口，然后以无菌牙签刮取口腔颊部黏膜(第一次的刮取物弃去)，将刮取物均匀涂于载玻片上，放在空气中干燥 5～10 min。滴加 1 mol/L 盐酸水解 3～5 min。水洗 3 次。

(2)染色与观察：用改良苯酚品红染液染色 10～15 min，倾斜载玻片，倒掉染液。用吸水纸轻轻擦拭干载玻片上的染液。放于显微镜下观察。

2. 发根毛囊细胞巴氏小体显示方法

(1)取材：取带有发根的头发，围绕发根部的 1 圈长 2～3 mm 的白色物体即是毛囊细胞团，将其放置于载玻片上。在毛囊细胞处滴加 1 滴浓盐酸和 95%乙醇 1∶1 的混合液。约 10 min 后，可使毛囊细胞得到充分软化。以清水冲洗 2～3 遍，将酸解液冲洗干净。拿起上述发根的梢部，将其上毛囊细胞轻轻蹭于另一干净载玻片上即可达到转移的目的。

(2)染色：可滴加 1 滴染液于待测细胞上，注意染液不可过多，以免细胞流失。约 10 min 后，加盖玻片即可进行观察。

五、实验结果

口腔黏膜细胞染色后圆形结构为细胞核，箭头所示的位于细胞膜内侧呈三角形或半圆形的结构即为巴氏小体(图 9.1)。细胞质未染色，可见细胞边缘(图 9.1 左)。

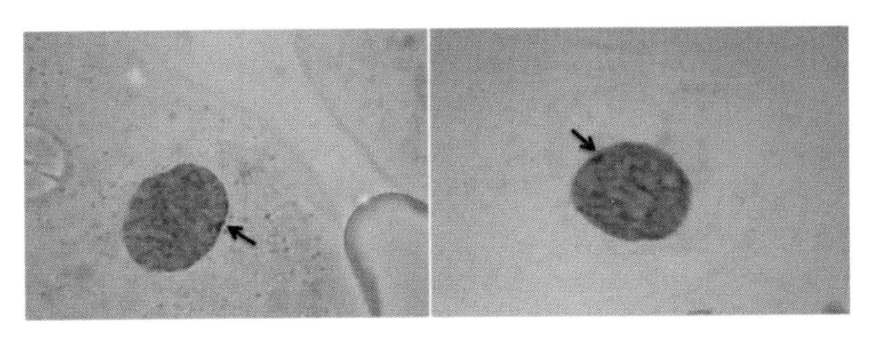

图 9.1　女性口腔黏膜细胞巴氏小体(箭头处，40×)

毛囊细胞染色后圆形结构为细胞核，箭头所示的位于边缘的结构为巴氏体(图 9.2)。

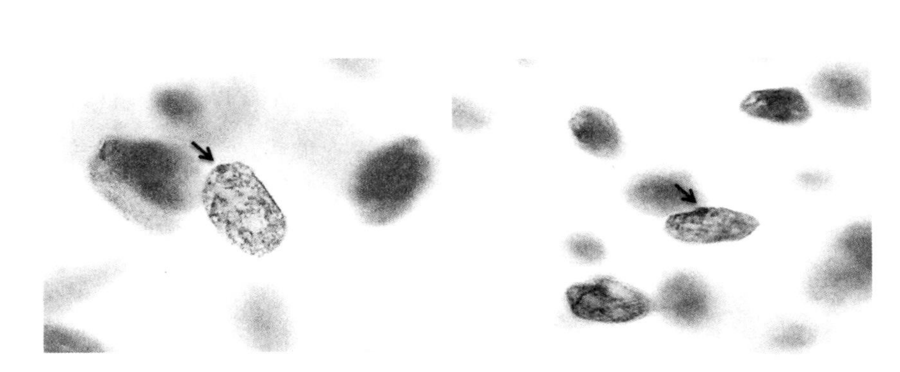

图 9.2　女性发根毛囊细胞巴氏小体(箭头处,40×)

六、注意事项

(1)在口腔黏膜细胞观察实验中,一定刮取细胞膜、核膜完整,细胞核未解体的口腔黏膜细胞。

(2)1 根头发发根的毛囊细胞可以转移到 3～4 张载玻片上,以达到充分利用实验材料的目的。

(3)取清洁的毛囊。

(4)酸洗后,要将盐酸清洗干净。

(5)低倍镜下检出典型的可数细胞,其标准是:细胞轮廓清楚、核膜清晰、核质呈网状或细颗粒状分布;核无缺损;染色适度;周围无杂菌。

七、作业

(1)分别观察 50 个男、女性可数的细胞,计算各自的巴氏小体细胞所占的百分比。

(2)在观察中画出 2～3 个典型细胞,标明巴氏小体的部位。

(3)简述男性没有巴氏小体的理论基础。

(4)经男变女的变性手术后,该女性有无巴氏小体?

(5)性别畸形的染色体模式可能有几种?

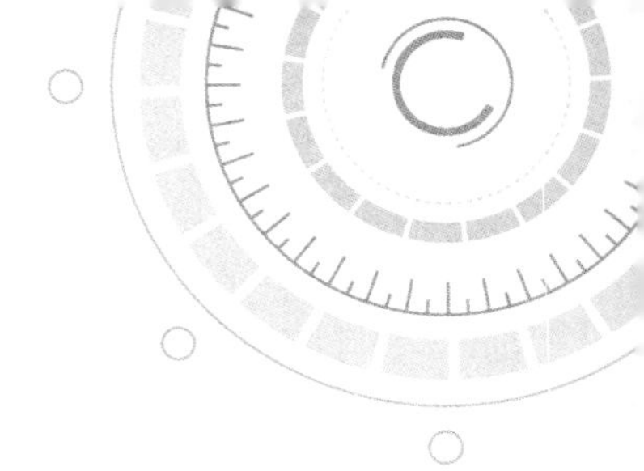

实验十　肿瘤细胞骨架的荧光显微镜观察

一、实验目的

(1)掌握培养细胞的免疫荧光染色的基本方法。

(2)了解培养细胞的微丝、微管等细胞骨架的基本形态。

(3)掌握荧光显微镜的成像基本原理及应用。

二、实验原理

细胞骨架(cytoskeleton)是存在于细胞质内由不同的蛋白质亚基组装而成的复杂的纤维网架结构,是维持真核生物细胞形态,参与细胞生长、运动、分裂、分化、物质运输、能量转换、信息传递、基因表达等的重要细胞器。细胞骨架主要包括微丝(microfilament,MF)、微管(microtubule,MT)、中间丝(intermediate filament,IF)3种结构。其中,微丝的主要结构成分是肌动蛋白(actin),微管则由两个相似的球蛋白亚基α微管蛋白(α-tubulin)和β微管蛋白(β-tubulin)组装而成。

免疫荧光染色(fluorescence immunostaining)是利用抗原-抗体特异性结合的原理,先将已知的抗原或抗体标记上荧光素,再用这种荧光抗体(或抗原)作为探针检查细胞或组织内的相应抗原(或抗体)。利用荧光显微镜观察标本时,荧光素受激发光的照射而发出明亮的荧光(黄绿色或橘

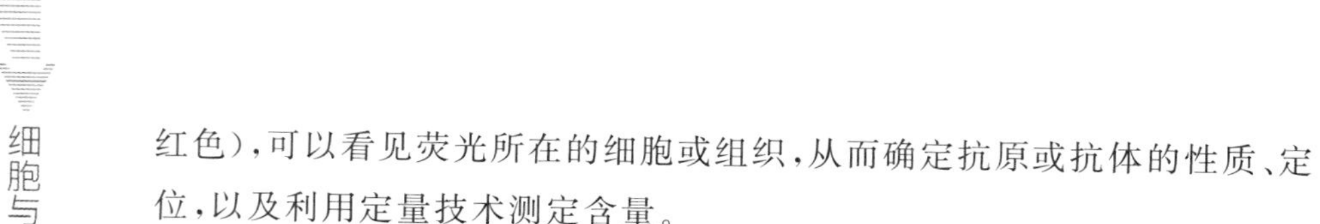

红色),可以看见荧光所在的细胞或组织,从而确定抗原或抗体的性质、定位,以及利用定量技术测定含量。

三、实验器具、试剂及材料

(1)器具:24孔细胞培养板(分别用于第一抗体和第二抗体的孵育)、封口膜(修剪成适宜大小)、镊子、加样枪、纸巾、盖玻片、铝箔纸、荧光显微镜、−20 ℃冰箱。

(2)试剂:甲醇、磷酸盐缓冲液(PBS)、牛血清白蛋白(BSA)、Triton X-100、第一抗体——鼠抗人 α-微管蛋白抗体或兔抗人肌动蛋白抗体、第二抗体——荧光素488或者荧光素555标记的兔抗鼠免疫球蛋白、甘油封片剂、指甲油、4′,6-联脒-2-苯基吲哚(DAPI)。

(3)材料:贴壁培养的人宫颈癌上皮细胞(HeLa)细胞爬片。

四、实验步骤

(1)用镊子取长有人宫颈癌上皮细胞(HeLa)的细胞爬片,置于细胞培养平板的小孔中,细胞面向上,于−20 ℃冷甲醇中固定3 min。

(2)去除甲醇,PBS中漂洗3次,每次2 min。

(3)滴加20 μL第一抗体(1∶1000)至细胞表面,将封口膜修剪成合适的小圆片,用镊子夹持,覆盖在细胞爬片的表面,于室温孵育30～60 min。

(4)0.05% Triton X-100-PBS漂洗3～5次,每次1～2 min。

(5)滴加荧光素标记的第二抗体(1∶1000)50 μL,同样覆盖修剪过的小封口膜片覆盖,室温孵育30～60 min(避光黑暗条件下进行)。

(6)0.05% Triton X-100-PBS漂洗3～5次,每次1～2 min。

(7)50 μL DAPI(已经稀释,请老师帮忙添加)染色5 min,PBS漂洗2 min。

(8)滤纸上吸干爬片上残余的液体,取一干净载玻片,滴1小滴(10 μL)封片剂(pH 7.5,PBS和甘油,体积比为1∶9),将爬片细胞面朝下盖于封片剂上，赶走气泡；轻轻在四边点上几小滴指甲油，防止移动。

(9)用荧光显微镜或激光扫描共聚焦显微镜观察（或避光保存待观察）。

五、实验结果

在荧光显微镜下，HeLa 细胞核呈蓝色荧光（图 10.1 左）；细胞骨架 α-微管蛋白呈绿色荧光（图 10.1 右）。

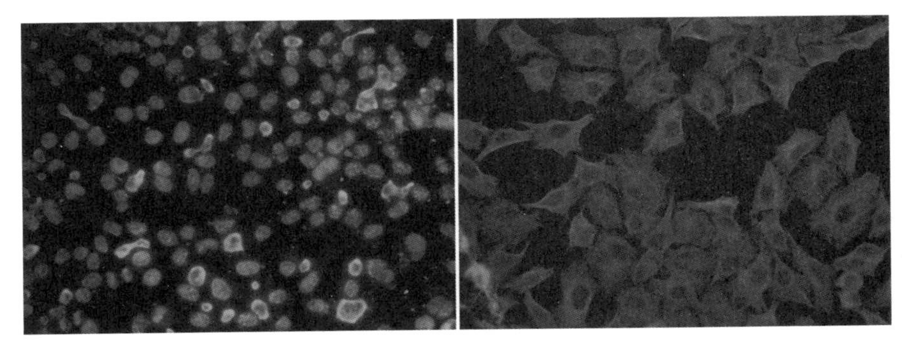

图 10.1　HeLa 细胞核及 α-微管蛋白免疫染色结果

（左）HeLa 细胞核 DAPI 染色结果，细胞核呈蓝色荧光（20×）。

（右）HeLa 细胞 α-微管蛋白染色结果，α-微管蛋白呈绿色荧光（20×）。

六、注意事项

(1)细胞爬片在各个操作步骤中应保持湿润状态，不可过度干燥。

(2)荧光素标记的第二抗体孵育时要注意避光。

(3)各步骤的漂洗要充分。

七、作业

试述免疫荧光技术的基本原理，并描述实验中所观察到的实验现象。

附：DAPI 染色法标记细胞核的原理

细胞核内的染色质主要是脱氧核糖核酸(DNA)，DAPI 的中文名称是 4′,6-联脒-2-苯基吲哚，是一种常用的荧光染料，其作用机理与溴化乙锭(EB)等染色剂类似：它们与 DNA 双螺旋的凹槽部分可以发生相互作用，从而与 DNA 的双链紧密结合，结合后产生的荧光基团的吸收峰是 358 nm，而散射峰是 461 nm，正好紫外光的激发波长是 356 nm，使得 DAPI 成为一种常用的荧光检测信号。本实验利用 DAPI 染色标记细胞核的位置。

实验十一　细胞染色体标本的制备与观察

一、实验目的

(1)了解制备中期染色体标本的原理。

(2)掌握骨髓细胞染色体标本的制备技术。

(3)学会观察染色体的数目以及形态特征。

二、实验原理

动物骨髓为不断分裂的组织,骨髓中的造血干细胞可以生成各种血细胞和原始细胞,具有高度的分裂活性且数量众多。处于有丝分裂期的细胞采用秋水仙素(或秋水酰胺)处理,可阻断纺锤丝微管的组装,从而使分裂细胞阻断在有丝分裂中期,此时染色体收缩最大,呈典型的形态。通过收集处理后的骨髓细胞,再经低渗、固定、滴片、染色等步骤,便可制备骨髓细胞的染色体标本。

三、实验器具、试剂及材料

(1)器具:解剖盘、剪刀、离心机、烤片机、干热器、显微镜、2 mL 注射器、35 mm 培养皿、移液器、载玻片、盖玻片等。

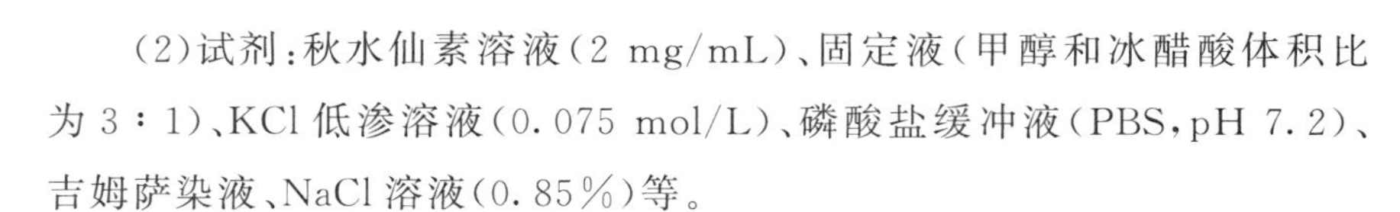

（2）试剂：秋水仙素溶液（2 mg/mL）、固定液（甲醇和冰醋酸体积比为 3∶1）、KCl 低渗溶液（0.075 mol/L）、磷酸盐缓冲液（PBS，pH 7.2）、吉姆萨染液、NaCl 溶液（0.85%）等。

（3）材料：牛蛙。

四、实验步骤

（1）秋水仙素处理：实验前一天晚上，按照实验动物每克体重 4 μg 的剂量，腹腔注射秋水仙素。

（2）取股骨：采用双毁髓法将牛蛙处死，迅速取出股骨（为了获得较多的骨髓细胞，胫骨亦可使用），用剪刀和纱布剥去全部肌肉组织，用剪刀剪去两端的膨大半透明软骨，露出骨髓腔。

（3）收集骨髓细胞：

①如图 11.1 所示，用注射器吸取 NaCl 溶液 2 mL，将针头插入骨髓腔进行冲洗，将红骨髓细胞冲入 35 mm 培养皿内，反复几次，直至骨头变白，吸打骨髓细胞，使细胞团块分散。

②将细胞悬浮液转入 1 支 1.5 mL 离心管中，2000 r/min 离心 10 min，弃去上清液。

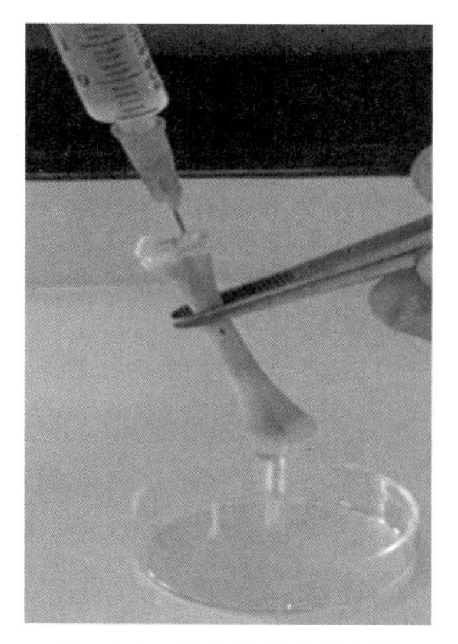

图 11.1　牛蛙股骨骨髓吹洗

(4)低渗处理：往骨髓细胞沉淀中加入 1 mL KCl 低渗溶液，吸打混合均匀，37 ℃温浴，低渗处理 25 min。

(5)固定：

①将低渗处理后的细胞悬浮液以 2000 r/min 离心 6 min，小心吸去上清液，往管中加入 1 mL 新鲜配制的固定液，用移液器将细胞轻轻吸打均匀，固定 15 min。

②重复上述固定步骤一次。

(6)制备细胞悬浮液：将固定后的细胞悬浮液以 2000 r/min 离心 6 min，小心吸去上清液(每管约吸掉 900 μL)，留少量残液用吹打法将沉淀制备成细胞悬浮液。

(7)滴片：在酒精预冷的载玻片上，滴加 1～3 滴上层细胞悬浮液，在烤片机中烤干。

(8)染色：将载玻片平放于桌面，细胞面向上，每片滴加吉姆萨染液数滴，染色 10～20 min。

(9)镜检：在自来水管下冲洗数秒，去掉染液，烘片机中烤干后，显微镜下观察。

五、实验结果

牛蛙体细胞具有 13 对染色体，包括 5 对大型染色体和 8 对小型染色体。典型的中期染色体呈 X 型，被染成蓝紫色或紫红色(图 11.2)。牛蛙染色体均为中着丝粒或亚中着丝粒染色体。

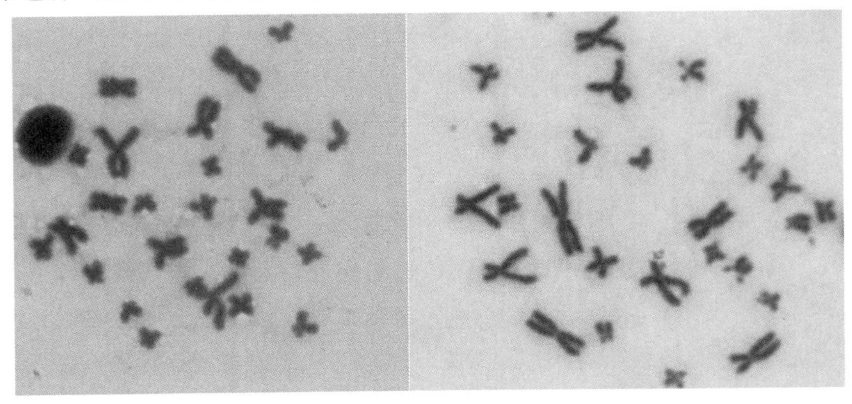

图 11.2　牛蛙骨髓细胞核型典型结果(n=26,40×)

六、注意事项

(1)低渗处理与离心等步骤的操作要轻柔,避免剧烈震荡。

(2)固定液要新鲜配制,载玻片要在酒精中预冷。

(3)冲洗染液时水流要缓慢,不要直接对着细胞所在的位置冲洗。

七、作业

(1)绘制染色体图并做简要分析。例如,细胞密度是否适中,分裂细胞的比例如何,处于分裂中期相的细胞数量情况,染色体形态、数目、有否重叠等。

(2)如果观察到的染色体数目与理论染色体数目不符,可能的原因是什么?

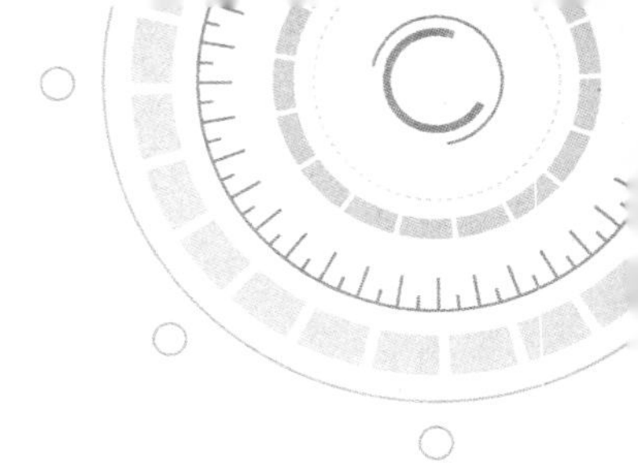

实验十二　红细胞膜渗透性观察

一、实验目的

(1)了解细胞膜的渗透性。

(2)了解溶血现象及其发生机制。

二、实验原理

细胞膜是细胞与外界环境进行物质交换的结构,它可选择性地让某些物质进出细胞。对于不同性质的物质,细胞膜的通透性是不一样的。

当细胞与所处的环境存在渗透压差时,水分子可从渗透压低的一侧向高的一侧扩散。在高渗溶液中,红细胞会失水而皱缩;在低渗溶液中,红细胞会吸水膨胀直至破裂,将血红蛋白释放到溶液中,导致溶血的发生,使溶液由不透明的红细胞悬浮液变成红色透明的血红蛋白溶液;在等渗溶液中,有些溶质会进入红细胞内,引起细胞渗透压升高,细胞也会吸水胀裂而导致溶血,由于不同物质渗透入细胞的速度不同,溶血所需要的时间也不同(图 12.1)。

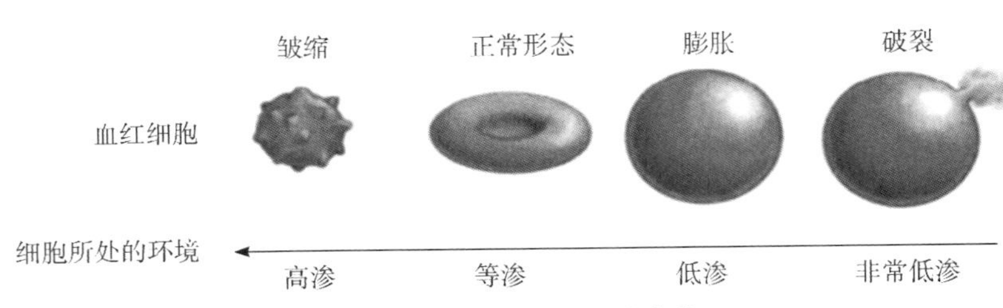

图 12.1 红细胞渗透性变化

三、实验器具、试剂及材料

(1)器具:烧杯、10 mL 离心管、载玻片、显微镜。

(2)试剂:生理盐水、1.5% NaCl 溶液、蒸馏水、0.032 mol/L 葡萄糖溶液、0.32 mol/L 葡萄糖溶液、0.17 mol/L NH_4Cl 溶液、0.12 mol/L Na_2SO_4 溶液、0.32 mol/L 乙醇溶液。

(3)材料:兔血。

四、实验步骤

1. 兔红细胞悬浮液的制备

取一小烧杯,用肝素液(1 mg/mL 生理盐水)湿润,然后加入兔血,以10 倍生理盐水稀释,制成兔血细胞悬浮液。

2. 红细胞对不同物质的渗透性

(1)红细胞膜对不同浓度的 NaCl 的渗透性观察:取 5 支 10 mL 离心管,按 1~5 分别编号后,依次向各离心管加入 1.5% NaCl 溶液 5 mL、3 mL、2 mL、1 mL、0 mL,然后分别加入蒸馏水,使每管总体积达到 5 mL,混匀,配成浓度分别为 1.5%、0.9%、0.6%、0.3%、0%的 NaCl 溶液;随后向每一离心管中加入 0.5 mL 兔红细胞悬浮液,混匀,观察溶液颜色变化、细胞形态变化及溶血情况。

(2)红细胞对不同物质的渗透性观察:另取5支10 mL离心管,按6～10分别编号后,依次加入0.032 mol/L葡萄糖溶液、0.32 mol/L葡萄糖溶液、0.17 mol/L NH_4Cl溶液、0.12 mol/L Na_2SO_4溶液、0.32 mol/L乙醇溶液3 mL,再向各离心管中分别加入0.3 mL兔红细胞悬浮液,轻轻混匀后静置于室温中,观察各溶液颜色变化、细胞形态变化及溶血情况。

五、实验结果

在高渗环境中,细胞会失水而皱缩;而在低渗环境中,细胞会吸水膨胀直至破裂,导致溶血的发生。

六、作业

记录和分析各实验溶液中兔红细胞因渗透压变化引起的细胞形态变化及溶血情况。

试管编号	溶液类型	溶液颜色	是否溶血	溶血所需时间	细胞形态	结果分析
1						
2						
3						
4						
5						
6						
7						
8						
9						
10						

实验十三　细胞融合观察

一、实验目的

(1)了解细胞融合的原理、意义。

(2)学习细胞融合的方式。

(3)初步掌握聚乙二醇法诱导细胞融合的实验方法。

二、实验原理

细胞融合(cell fusion)又称细胞杂交(cell hybridization),指在自然条件下或利用人工的方法,使两个或两个以上的细胞融合成一个具有双核或多核细胞的现象(此时称同核体或异核体)。

在诱导物(如新城鸡瘟病毒、聚乙二醇)作用下,相互接触的细胞发生凝集,随后在质膜接触处发生膜脂分子排列的改变,主要是一些化学键的断裂与重排,最后打通两质膜,使相接触的细胞发生融合。

三、实验器具、试剂及材料

(1)器具:离心机、电子天平、5 mL 离心管、1.5 mL 离心管、注射器、载玻片、盖玻片、显微镜等。

(2)试剂：

①阿氏液(Alsever's solution)：葡萄糖 2.05 g，柠檬酸钠 0.8 g，NaCl 0.42 g，加重蒸水至 100 mL。

②GKN 液(平衡盐缓冲液)：NaCl 8 g，KCl 0.4 g，$Na_2HPO_4 \cdot 2H_2O$ 1.77 g，$NaH_2PO_4 \cdot 2H_2O$ 0.69 g，葡萄糖 2 g，酚红 0.01 g，溶于 1 L 重蒸水中。

③50%聚乙二醇(PEG)：称取一定量的 PEG(相对分子质量为 4000)放入带有刻度的试管中，用酒精灯或在沸水中加热溶化。待冷至 50 ℃时，加入等体积并预热至 50 ℃的 GKN 液混匀。

④0.85% NaCl 溶液。

(3)材料：鸭血细胞。

四、实验步骤

(1)用注射器取阿氏液 2 mL，从翼下静脉中抽取鸭血 2 mL，注入管内，再加阿氏液 6 mL，混匀，于 4 ℃冰箱中保存备用。

(2)取步骤(1)中鸭血溶液 1 mL 于 5 mL 离心管中，加入 4 mL 0.85%的 NaCl 溶液，混匀，以 1200 r/min 转速离心 5 min。

(3)弃上清液，随后加入 4 mL 0.85%的 NaCl 溶液，混匀，以 1200 r/min转速离心 5 min。

(4)弃上清液，随后加入 4 mL 0.85%的 NaCl 溶液，混匀，以 1200 r/min转速离心 10 min。

(5)在沉降血球中加入 1 mL GKN 液，混匀使之成为细胞悬浮液。

(6)取 0.1 mL 细胞悬浮液于 1.5 mL 离心管中，用于对照；剩余细胞悬浮液于另一 1.5 mL 离心管中，加入 6～8 滴(约 0.5 mL)50%的 PEG 液，迅速混匀，常温下放置 2～3 min。

(7)用 40 μm 滤膜过滤细胞悬浮液，滤液滴片镜检。

五、实验结果

在高倍镜下可以观察到有两个或两个以上的鸭血细胞膜融合在一起，形成一个融合细胞(图 13.1)。(要注意辨别融合细胞与重叠的鸭血细胞。)

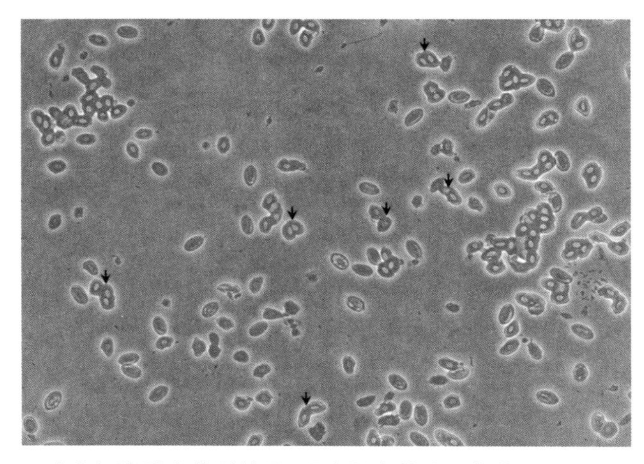

图 13.1 鸭血细胞融合典型结果(图中黑色箭头所指的为融合细胞，20×)

六、注意事项

(1)滴加 50% PEG 时，应缓慢、逐滴加入，而且每加 1 滴应轻摇离心管以混匀，滴加完毕后可用滴管温和混匀。

(2)因 PEG 对细胞有毒性，应严格控制作用时间为 1～2 min。但本实验中融合后的细胞不继续培养，可将处理时间延长至 15 min 以达到较高融合率。

七、作业

(1)描述显微观察到的细胞融合的变化。

(2)计算细胞融合率：

在高倍镜下随机数100～200个细胞(包括未融合与融合的细胞)，用融合细胞(含两个或两个以上的细胞核的细胞)的细胞数除以总细胞数(包括未融合与融合的细胞)即可得出融合率。

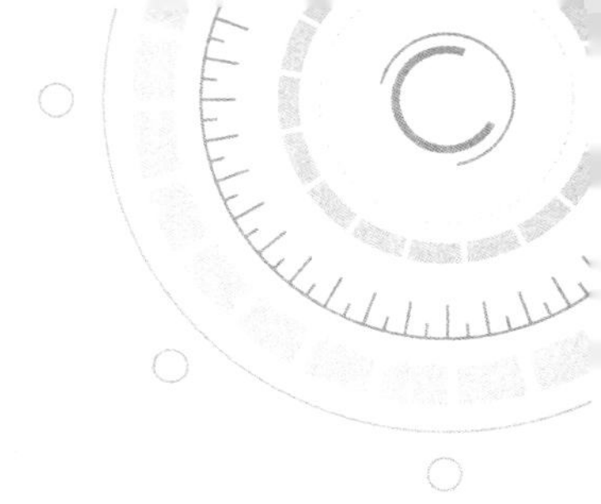

实验十四　细胞凝集反应

一、实验目的

(1)了解细胞质膜的表面结构。

(2)学习凝集素促细胞凝集的原理。

(3)掌握研究细胞凝集反应的方法。

二、实验原理

细胞质膜(plasma membrane)是由蛋白质分子不同程度镶嵌在磷脂双分子层中所形成的动态流动结构,而蛋白质和脂类与寡糖链结合为糖蛋白和糖脂,糖蛋白和糖脂伸至细胞表面的寡糖链在质膜表面形成细胞外被(又称糖萼)。

凝集素(lectin)是一类可逆结合特异糖基的蛋白质,具有凝集细胞和刺激细胞分裂的作用。凝集素能与细胞外被的寡糖链连接,在细胞间形成“桥”,从而促使细胞发生凝集。加入与凝集素互补的糖分子可以抑制细胞间的凝集反应。

三、实验器具、试剂及材料

(1)器具:普通光学显微镜、电子天平、5 mL 注射器、培养皿、载玻片、滴管、离心管。

(2)试剂:

①PBS(磷酸盐缓冲液):称取 1.44 g Na_2HPO_4、8 g NaCl、0.24 g KH_2PO_4、0.2 g KCl,加蒸馏水溶解(约 0.8 mL),调 pH 至 7.4,最后定容至 1 L。

②1%肝素溶液:称取 0.1 g 肝素,溶解于 10 mL 0.9% NaCl 溶液中。

③0.9% NaCl 溶液:称取 9 g NaCl,加蒸馏水定容至 1 L。

④固体硫酸铵。

(3)材料:马铃薯块茎、韭菜(或葱、芫荽等)、家兔。

四、实验步骤

1. 2%家兔红细胞悬浮液的制备

用 5 mL 注射器(先吸取 3 mL 1%肝素溶液)抽取兔子耳缘静脉血液 1 mL,用 0.9% NaCl 溶液洗 5 次,每次以 3000 r/min 转速离心 5 min,最后按沉淀的红细胞体积用 0.9% NaCl 溶液配成 2%兔红细胞悬浮液。

2. 凝集素制备

(1)土豆凝集素制备:称取土豆去皮块茎 2 g,切成薄片(越薄越好),平铺于培养皿,加入 10 mL PBS,浸泡 1~2 h,浸出的液体中即含有土豆凝集素。

(2)叶片凝集素制备:

第一步:取韭菜叶片(或葱、芫荽等)3~5 g,用蒸馏水洗净,剪碎,按

1∶1(m/V)加入 0.9% NaCl 溶液,用研钵研磨成匀浆,双层纱布过滤。滤液转移至 5 mL 离心管中,以 5000 r/min 转速离心 20 min,弃沉淀,去上清液。

第二步:在上清液中加入固体硫酸铵至 60%饱和度,5000 r/min 转速下离心 20 min,弃上清液,沉淀用 1 mL PBS 溶解。

3. 细胞凝集反应

在干净的载玻片上滴 1 滴土豆凝集素或韭菜(葱、芫荽等)凝集素,再滴 1 滴 2%兔红细胞悬浮液,充分混匀,静止 20 min;以 PBS 加 2%兔血细胞悬浮液作为对照组,随后盖上盖玻片,于显微镜下观察。

五、实验结果

(1)肉眼观察:对照组的红细胞沉积在载玻片底部呈大红点;而经过凝集素处理的实验组,颜色越来越浅,红细胞聚集在一起。

(2)低倍镜观察:对照组中红细胞分布均一,呈中间凹陷的圆饼状结构,无凝集(图 14.1A);实验组中红细胞凝集在一起(图 14.1B)。

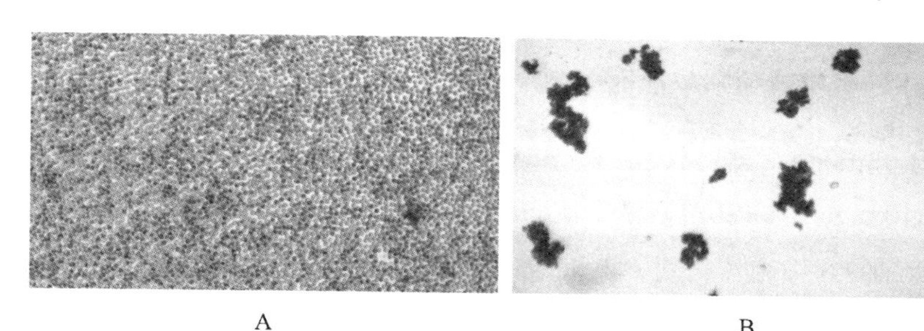

A　　B

图 14.1　显微镜下观察到的红细胞凝集对照组(A,20×)和凝集组的实验结果(B,20×)

六、注意事项

(1)土豆块茎薄片切得越薄越好。

(2)注意控制加入载玻片中液体的量。

七、作业

(1)绘图表示血细胞凝集现象,并说明原因。

(2)结合凝集素的特性,简述凝集素在生物学中有何应用?研究凝集素有何意义?

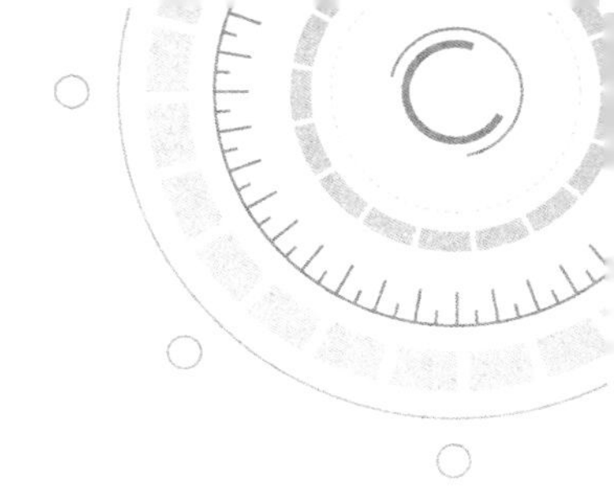

实验十五　石蜡切片法

石蜡切片法是组织学常规制片技术中最为常用的方法，不仅用于观察正常组织细胞的形态结构，也用于病理学中判断细胞组织形态结构的变化。其优点在于标本经石蜡包埋后可长久保存；可用切片机制备极薄的切片，并可连续切片。缺点主要在于制片步骤烦琐，耗时费力。

15.1　取材、固定、洗涤、脱水

一、实验目的

(1)理解取材、固定、洗涤、脱水各步骤的基本原理。

(2)掌握取材、固定、洗涤、脱水各步骤的操作方法。

(3)了解取材、固定、洗涤、脱水各步骤的注意事项。

二、实验原理

(1)取材：取待观察组织样品，切成大小合适的小块。应选择新鲜的组织材料用于制片，利用陈腐的组织材料制片所得结果不能反映组织材料在活体内的真实状况。

(2)固定：借助化学药品的作用，保存组织细胞的原有形态。

(3)洗涤:洗去渗入组织细胞内部的固定液。因材料中滞留的固定液有些会妨碍染色,有些会发生沉淀或结晶,有些会继续发生作用,使材料产生变化等,从而影响后续观察。

(4)脱水:洗涤后,组织材料含有大量的水分,需用脱水剂脱净水分,以便于材料后续处理程序中的透明和透蜡操作。因为水分过多会使材料分解,另外水与透明剂不互溶,透明剂只有在无水的情况下才能完全渗入。

三、实验器具、试剂及材料

(1)器具:剪刀、刀片、指形管、纱布、托盘。

(2)试剂:PBS(磷酸盐缓冲液)、固定剂(10%福尔马林)、脱水剂(50%、70%、85%、95%、100%酒精)。

(3)材料:新鲜小鼠肝脏、脑及小肠。

四、实验步骤

(1)取材:以颈椎脱臼法处死小鼠,用剪刀解剖及剪切取组织材料。

(2)固定:将取出的组织用PBS洗去浮血后,放入10%的福尔马林溶液中预固定2 h左右。取出固定的组织切成需要的形状(肝脏和脑:边长约3 mm的立方体。小肠长5~10 mm),每人每种组织各切两块,放回原固定液中继续固定12~24 h。固定剂用量一般为组织块体积的10~15倍。

(3)洗涤:把材料从固定液中取出,放入试管中,加入半管水,用纱布扎住管口,放于脸盆中,打开自来水,进行流水冲洗。冲洗时间一般需要12~24 h。

(4)脱水:依次用低浓度至高浓度的酒精对材料进行脱水。一般经50%、70%、85%、95%酒精,直至纯酒精。每级停留25~60 min。如需过夜,应停留在70%酒精中。

五、注意事项

(1)取材:材料应新鲜;动作要迅速;根据实验目的,同时取对照与处理材料。

(2)固定:固定液以新鲜配制为好;固定液及固定时间选择依实验目的及材料的种类、性质、大小等而定;材料固定完毕,保存于加盖的容器中,贴上标签。

(3)洗涤:根据固定剂的种类确定洗涤时间。固定液是酒精或酒精混合液,一般无须冲洗;固定液中含有铬酸、重铬酸钾等,必须用流水冲洗。

(4)脱水:脱水时必须盖好器皿,以防吸收空气中的水分;在低浓度酒精中,停留时间不宜太长,以防材料解体;在高浓度酒精中,每级停留的时间也不宜太长,以防材料变脆;脱水必须彻底,否则影响透明。

15.2 透明、透蜡、包埋

一、实验目的

(1)理解透明、透蜡、包埋各步骤的基本原理。

(2)掌握透明、透蜡、包埋各步骤的操作方法。

(3)了解透明、透蜡、包埋各步骤的注意事项。

二、实验原理

(1)透明:是指利用透明剂与脱水剂和石蜡均能相混溶的性质,将脱水剂从组织材料中替换出来,以便于透蜡时石蜡能顺利渗入组织材料。

(2)透蜡:是指用石蜡将材料中的透明剂替换出来,直至完全由石蜡渗透。

(3)包埋:是将透蜡完的组织材料与熔化的石蜡一起倒入包埋盒(一定形状的容器,如手工折的纸盒、购买的塑料或不锈钢盒)中,冷却凝固成含材料的蜡块,以备切片。

三、实验器具、试剂及材料

(1)器具:镊子、染色缸、蜡杯、恒温烘箱、生物组织包埋机、纸盒。

(2)试剂:二甲苯、石蜡。

(3)材料:保存在70%酒精中的小鼠肝脏、脑及小肠组织块。

四、实验步骤

(1)透明:将脱完水的组织材料渐次浸泡于低浓度至高浓度二甲苯中。组织材料先在酒精和二甲苯等量混合液中浸泡15～30 min,接着放

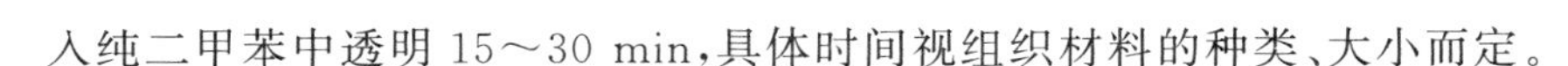

入纯二甲苯中透明 15～30 min，具体时间视组织材料的种类、大小而定。

(2)透蜡：从二甲苯中取出组织材料，先移入二甲苯和石蜡的等量混合液中，约 30 min；随后转入纯石蜡(Ⅰ)中，30～60 min；最后转入新的纯石蜡(Ⅱ)中，30～60 min。

(3)包埋：准备好包埋用的纸盒(包埋盒)，并在包埋盒两侧的把手上做好标记；接着在包埋盒中注入石蜡至 4/5 左右的高度；从恒温箱中取出盛放样品的蜡杯，用预热的镊子将组织材料平放于包埋盒底部，排列整齐，视情况而定是否继续补足石蜡；然后利用包埋盒两侧的把手提取包埋盒，轻轻地放进水中，水位达到包埋盒外侧高度的 2/3 处(包埋盒中不能进水)，待石蜡的表面凝固后，方可将纸盒完全浸没于水中；蜡块完全凝固后(约 30 min)，取出晾干备用。每人准备一个包埋块，内含肝脏、脑和小肠组织块至少各一块(图 15.1)。

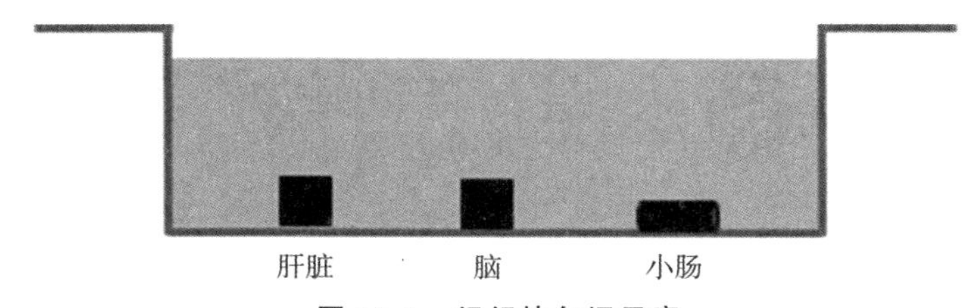

图 15.1　组织块包埋示意

五、注意事项

(1)透明：使用透明剂时，为防止空气中水分进入，要盖紧盖子；更换透明剂过程中，动作要快；当组织材料周围出现白色雾状时，说明前面脱水不够彻底，应利用纯酒精重新脱水。

(2)透蜡：包埋植物材料常用的石蜡熔点为 54～60 ℃；包埋动物材料的稍低，为 52～56 ℃。透蜡温度要恒定，不可忽高忽低；开关烘箱门要迅速，防止烘箱温度下降而使石蜡凝固。

(3)包埋：包埋所需的器械(恒温箱、包埋机、纸盒)应提前准备好。包埋用的镊子需预热。

15.3　切片、贴片

一、实验目的

(1)掌握切片、贴片的操作方法。

(2)了解切片、贴片过程中的注意事项。

二、实验原理

切片是把包埋好的蜡块用切片机切成所需厚度的蜡带，一般为 3～10 μm，以便于染色；贴片是将切片平铺贴于载玻片上，以便于染色后在显微镜下进行观察。

三、实验器具、试剂及材料

(1)器具：刀片、酒精灯、毛笔、切片机、展片台、水浴锅、台木。

(2)试剂：粘片剂。

(3)材料：蜡块(包埋好的组织材料)。

四、实验步骤

1. 切片

(1)切片前的准备工作：

①蜡块的固着：先用刀片将蜡块修成规则的方形，组织块四周距离蜡块边缘 2～3 mm，形成一个正方体或长方体；蜡块底面，修得基本平整即可。托盘内放好台木，台木上放少许蜡屑，点燃酒精灯，烤蜡铲，随后将蜡铲放在蜡块与台木(有组织块的一面背向台木)之间，借用蜡铲的温度熔

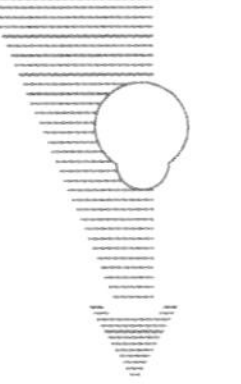

化两者间的石蜡，抽离蜡铲，将蜡块放于蜡台上，轻轻按压，待石蜡凝固后，蜡块即黏附在台木上。

②整修：用单面刀片将蜡块横截面修成正方形或长方形。

(2)切片机：

切片机多种多样，常用的为轮转式切片机，该切片机的夹物台可上下移动和前后伸缩，而刀片则固定不动。调整切片机的厚度调节器，可以切出不同厚度的连续切片。

(3)切片的方法：

①将贴有蜡块的台木装于切片机的夹物台上(关闭护刀盖以确保安全)。

②将护刀盖推至打开位置。

③调整刀口的角度与位置，使刀片与石蜡尽量接近，刀面与石蜡切面成 15°～30°。

④摇动快速进退手轮，使石蜡块与刀口贴近，但不能超过刀口(注意：转动手轮时，应保证机头在红、绿线之间移动)。

⑤利用厚度调节器将切片厚度调整到 3～10 μm。

⑥开始切片，右手摇动大手轮，左手持毛笔将蜡带轻轻挑起，转速以 40～50 r/min 为宜。

⑦蜡带长约 10 cm 时，停止切片，锁定转轮，右手取另一支毛笔轻轻挑起蜡带，靠刀片的一面(较光滑)朝下，平放于蜡带盘中的牛皮纸上。

2. 贴片

(1)取一干净的载玻片，玻片中央滴上小滴粘片剂，用手指涂抹均匀，晾干备用。

(2)切取一小段蜡带(内含 3～6 个组织切片)，放入预热的水浴锅中，使其展平。

(3)取一已涂粘片剂的载玻片，斜插入水中至切片下方，轻轻提起载玻片，使切片粘附在载玻片上。

(4)将玻片置于展片台上(温度保持在 40～45 ℃)，直到蜡片烘干。

(5)烘干好的玻片做好标记，放在托盘里备用(图 15.2)。

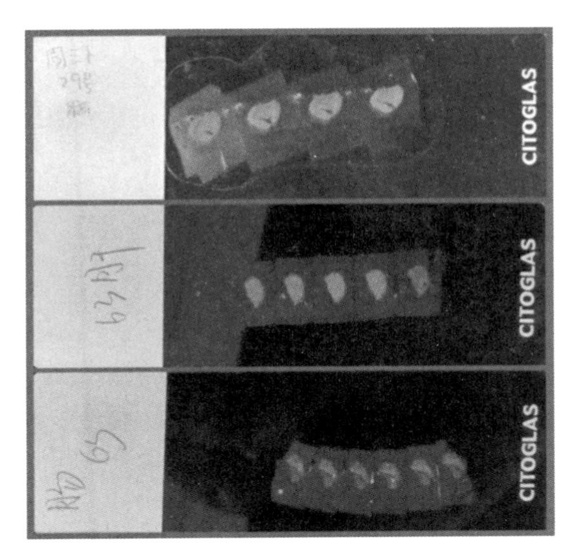

图 15.2　需提交的石蜡切片示意

五、注意事项

(1)要严格按照操作规程进行切片,保证安全。

(2)切片刀刀口异常锋利,手指切忌触及刀口,防止切片刀掉落桌上或地面,以免发生刀伤事故。

(3)每次停止切片时,切片机大手轮应处于锁紧状态,护刀盖应推至合并位置。

(4)及时清除废蜡,保持设备清洁。

六、作业

每组同学至少制作 12 片玻片标本用于后续实验(4 片肝、4 片小肠和 4 片脑)。

15.4 染色、封藏

一、实验目的

(1)理解染色、封藏的基本原理。

(2)掌握染色、封藏的操作方法。

(3)了解染色、封藏过程中的注意事项。

二、实验原理

(1)染色:由于不同结构对染料具有不同的物理和化学的综合作用,因此细胞或组织的不同结构会被染成不同的颜色。

①物理作用:如吸收作用、吸附作用和渗透作用等。

②化学作用:染料中的阳离子和阴离子可分别与细胞内的酸性和碱性物质互相结合,从而使细胞染上不同的颜色。以常用的苏木精-伊红对染法(HE染色)为例:碱性染料苏木精中有染色作用的阳离子易与细胞核内的核酸等酸性物质结合,使细胞核被染上蓝色;酸性染料伊红中有染色作用的阴离子易与细胞质中碱性物质结合,使细胞质被染上粉红色。

(2)封藏:是将透明好的切片保存在适宜折光率的封藏剂中,以便组织或细胞结构能在显微镜下清晰地显示出来,并能长期保存。

三、实验器具、试剂及材料

(1)器具:镊子、染色缸。

(2)试剂:二甲苯、脱水剂(50%、70%、85%、95%、100%酒精)、盐酸,氨水、埃利希氏苏木精染色液、伊红水溶液、中性树胶。

(3)材料:石蜡切片。

四、实验步骤

1. 染色程序

切片包埋在石蜡中，而染色剂又常常为水溶液，所以在染色之前，切片必须脱蜡和复水。石蜡切片先在二甲苯中溶去石蜡，然后经过浓度逐级递减的酒精溶液复水，最后下降至纯水，方可染色。染色后需再度脱水和透明，最后进行封藏与观察。

苏木精-伊红对染法流程如下：

(1)二甲苯脱蜡 5～10 min。

(2)二甲苯与纯酒精等量混合液浸泡 5 min。

(3)纯酒精，95%、85%、70%、50%酒精各浸泡 2～5 min。

(4)蒸馏水洗 1 min。

(5)埃利希氏苏木精染色液浸泡约 7 min。

(6)水洗(换几次，共约 5 min)。

(7)1%盐酸-酒精分化数秒(如染色适度，此步可取消)。

(8)水洗数秒至 1 min。

(9)1%氨水“蓝化”5～10 s。

(10)蒸馏水中漂洗 5 min(换 1 次水)。

(11)1%伊红水溶液染色 1～5 min。

(12)自来水洗 1～2 min，

(13)50%酒精浸泡数秒。

(14)70%、80%、95%、100%酒精各浸泡 2～5 min。

(15)纯酒精与二甲苯等量混合液浸泡 5 min。

(16)二甲苯浸泡 5～10 min。

(17)封藏于中性树胶中。

2. 封藏的方法

从二甲苯中取出含切片的载玻片放于一张洁净的纸上(贴有切片的

面向上)，对准切片的中央，快速滴1滴中性树胶(二甲苯不能干)，持镊子轻轻地夹住盖玻片的右侧，倾斜使盖玻片左侧与封藏剂接触，随后慢慢放下，避免产生气泡。

五、实验结果

如图15.3所示，左图为小肠组织，右图为肝脏组织。HE染色后细胞核呈蓝色，细胞质、纤维呈深浅不同的粉红色。

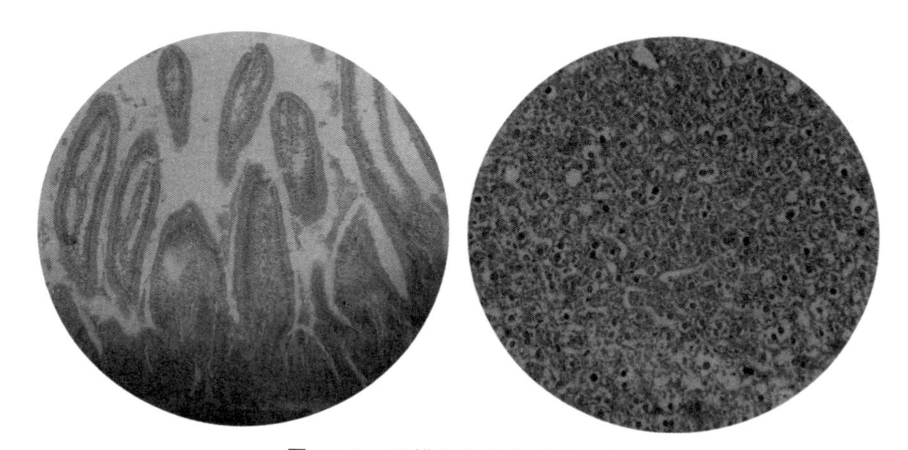

图15.3　石蜡切片染色结果示意

(左)小肠绒毛(10×)。

(右)肝脏(20×)。

六、作业

(1)简述石蜡切片的基本原理与过程，描述实验过程中可能出现的异常现象并分析原因。

(2)观察小肠、肝脏和脑的组织切片，提交3片染色玻片标本。

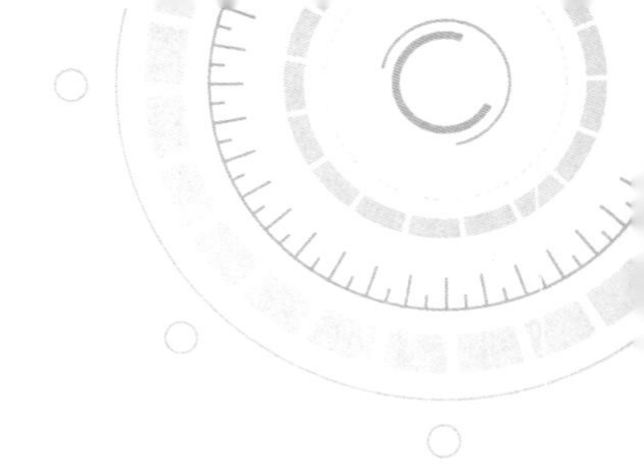

实验十六　冰冻切片法

一、实验目的

了解冰冻切片法的原理、步骤及操作方法。

二、实验原理

冰冻切片法是一种以组织内水分作为包埋剂，将组织快速冷冻到一定硬度，然后在低温条件下进行切片的方法，主要用于手术中快速病理诊断。因其不需要酒精脱水、二甲苯透明及透蜡等步骤，能够较好地保存细胞膜及细胞内多种酶活性及抗原的免疫活性，但不易形成连续切片和较薄的切片，且组织块在冻结过程中形成的冰晶会影响细胞组织的正常形态结构。目前常用的冰冻切片法为低温恒冷箱冰冻切片法。

三、实验器具、试剂及材料

(1)器具：冷冻切片机(图 16.1)、刀片、载玻片、包埋剂、固定液等。

(2)试剂：

①包埋剂：OCT 冰冻切片包埋剂(一种聚乙二醇和聚乙烯醇的水溶性混合物)。

图 16.1 冷冻切片机

②染色液：苏丹黑 B 染液(苏丹黑 B 1 g,70%酒精 100 mL)。

将苏丹黑 B 溶于酒精中，水浴加热煮沸，全部溶解后趁热过滤，冷却后冰箱内 4 ℃保存，恢复室温后使用。

③粘片剂：多聚-L-赖氨酸。

④封藏剂：透明树胶。

(3)材料：猪肉脂肪组织。

四、实验步骤

操作前准备：切片前 1～2 h，打开冷冻切片机开关，预冷箱体及切片刀。

(1)取材：选取新鲜猪肉脂肪组织，切成 0.5 cm^3 的小块，投入预冷至 −70 ℃的异戊烷溶液中保存，或冷冻 60 s 左右后，取出放置在预冷的冷冻切片机中平衡温度，备用。

(2)包埋：取出组织支撑托，先于表面中间部位滴 1 滴 OCT 包埋剂，取 1 块脂肪组织埋入包埋剂中，根据需要补加 OCT 包埋剂，然后快速置于冷冻台上冷冻 5～10 min。

(3)切片：将组织支撑托装在切片机持承器上，锁紧，调整切片厚度(8～15 μm)，盖上防卷板，开始切片。正式切片前，先将组织切面修平。

(4)粘片：打开防卷板，用带有粘附剂的载玻片将切片粘附后，切片可保存于－80 ℃冰箱中，或直接进行染色。

(5)染色：将切片置于 70%酒精中略微涮洗—苏丹黑 B 染液染色 10 min—70%酒精洗去多余染料—稍微水洗—中性树胶封片—显微镜观察。

五、注意事项

(1)用于冷冻切片的组织，可以预先固定后再进行切片；或切片后用固定液固定。

(2)冰冻切片后如不立即染色，可以在晾干后贮存于－70 ℃冰箱中。

六、作业

冰冻切片法中如何减少冰晶形成对细胞组织形态的破坏？

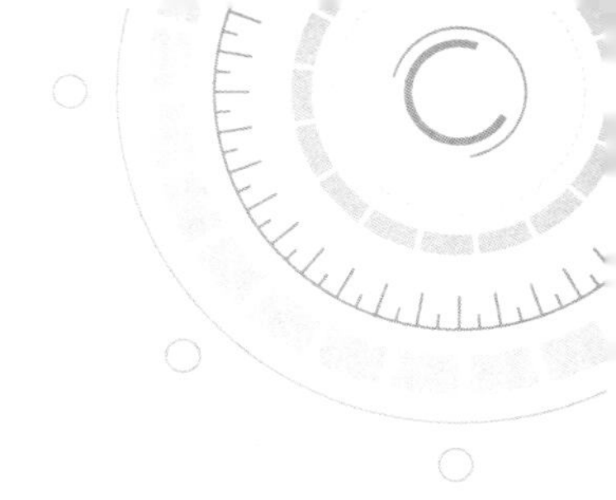

实验十七　组织化学——小鼠肝核酸染色（福尔根反应）

一、实验目的

(1)了解福尔根染色的基本原理。

(2)掌握福尔根染色的技术方法及其应用。

二、实验原理

福尔根反应(Feulgen reaction)是德国医生罗伯特·福尔根(Robert Feulgen)于 1924 年发明的,特异显示 DNA 的组织化学反应。因细胞中的 DNA 主要存在于细胞核,而该方法对 DNA 的显示反应又具有高度专一性,故常被用来显示细胞核以及染色体在细胞不同时期的形态。

福尔根反应的原理是:DNA 分子经与盐酸反应后,嘌呤碱基脱离脱氧核糖,在脱氧核糖的一端形成羟基,进而形成游离的醛基(图 17.1),与希夫试剂(Schiff reagent,又称品红亚硫酸试剂,无色)反应形成带有醌基(发色基团)的紫红色化合物,该显色反应只在含有醛基的部位发生。希夫试剂由德国化学家雨果·希夫(Hugo Schiff)发明,由碱性品红(盐酸盐形式)与亚硫酸盐反应形成的无色的品红化合物,与醛基反应会呈现紫红色(图 17.2)。

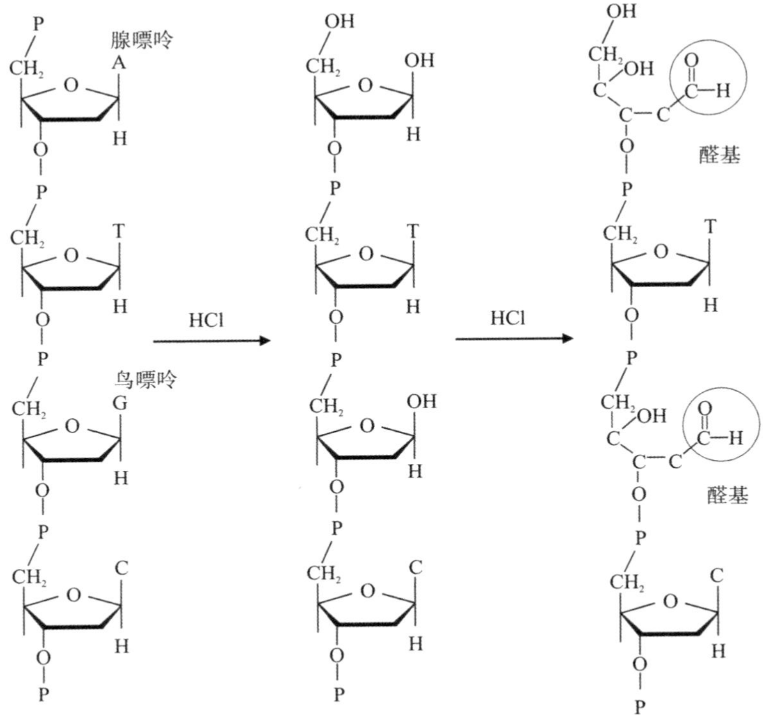

图 17.1　DNA 在酸性条件下水解产生醛基

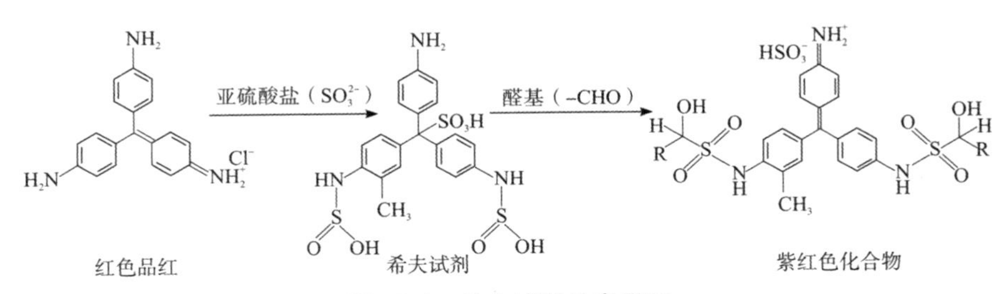

图 17.2　希夫试剂反应原理

三、实验器具、试剂及材料

(1)器具:显微镜、染色缸、盖玻片等。

(2)试剂:1 mol/L HCl 溶液、希夫试剂、0.5%偏重亚硫酸盐溶液、

1%亮绿水溶液、二甲苯、酒精。

(3)材料:小鼠肝组织切片。

四、实验步骤

(1)石蜡切片常规脱蜡(①二甲苯脱蜡 10 min;②二甲苯与纯酒精等量混合液浸泡 5 min;③纯酒精,95%、85%、70%、50%酒精各浸泡 2~5 min)。

(2)蒸馏水洗 1 次,2 min。

(3)1 mol/L HCl 溶液(室温)中水解 1 min。

(4)预热 60 ℃的 1 mol/L HCl 中水解 15 min。

(5)1 mol/L HCl 溶液(室温)中水解 1 min。

(6)蒸馏水稍洗。

(7)希夫试剂避光染色 30 min。

(8)0.5%偏重亚硫酸盐溶液浸泡 3 次,共 6 min。

(9)流水冲洗 5 min,蒸馏水洗片刻。

(10)用 1%亮绿水溶液复染 5~10 s。

(11)流水冲洗 5 min,蒸馏水浸泡 1 min,用吸水纸从边缘吸干。

(12)甘油/PBS 封片剂封片,显微镜观察。

五、实验结果

福尔根阳性细胞核呈紫红色,细胞质和核仁被亮绿复染成浅绿色(图 17.3)。

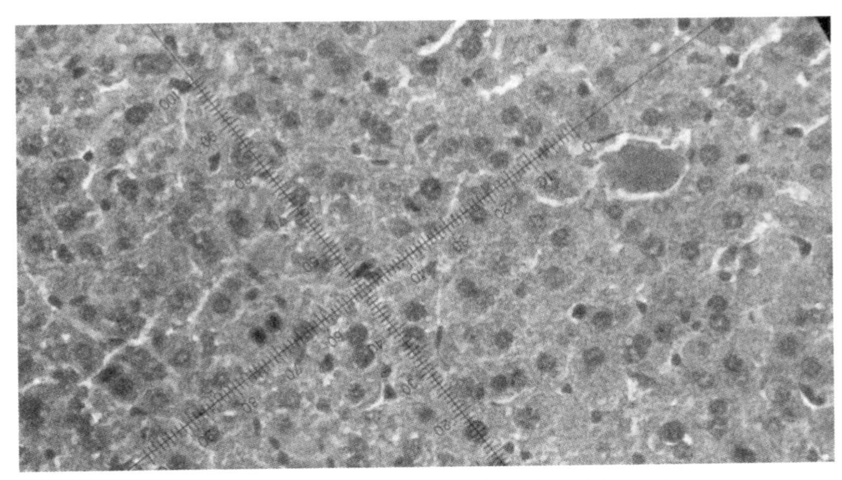

图 17.3　肝脏福尔根反应染色结果示意(40×)

六、注意事项

(1)对照样品的设置:进行福尔根反应时,通常需要设置对照以便验证反应结果。福尔根反应的对照样品可不经盐酸水解直接浸入希夫试剂中。但是,对照样品在希夫试剂中的时间不宜超过 1 h(通常 30 min 即可),时间过长,试剂本身的弱酸性也会使 DNA 水解,从而出现假阳性反应。

(2)水解时间的控制:福尔根反应用盐酸进行水解时,时间一定要适当。如水解时间不够,反应就会变弱;如水解时间过长,或水解过于剧烈,则脱氧核糖也会脱落下来,造成反应减弱。最适宜的水解时间一般为8～12 min。

(3)希夫试剂的质量:希夫试剂的质量好坏直接影响 DNA 的显色反应。应选用纯度高且在保质期内的碱性品红来配制希夫试剂,并注意避光保存,防止氧化失效。

七、作业

(1)描述福尔根染色结果并提交照片。

(2)造成肝脏组织切片福尔根染色无阳性结果的原因有哪些?

附:希夫试剂的制备

将0.5 g碱性品红加入盛有沸腾蒸馏水的三角烧瓶中,一边添加一边摇动三角瓶,煮沸5 min使之充分溶解。冷却至50 ℃后过滤除去杂质。加入10 mL 1mol/L HCl溶液,冷却至25 ℃时,加入0.5 g偏重亚硫酸钠($Na_2S_2O_3$)或无水亚硫酸氢钠($NaHSO_3$),在室温阴暗处放置至少24 h,使其颜色变为淡黄色(有时需2～3 d)。密封瓶口,可保存于4 ℃冰箱中(可保存数月或更长时间)。在使用前加入0.5 g活性炭,轻轻摇动1 min,用粗滤纸过滤,滤液应为无色;若滤液颜色已变为粉红色,便不能再使用。

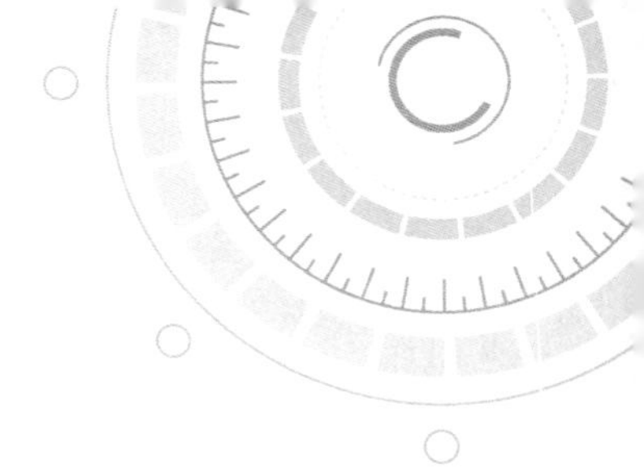

实验十八　组织化学——小鼠肝糖原染色(PAS反应)

一、实验目的

(1)了解PAS染色法的基本原理。

(2)掌握PAS染色法的技术方法及其应用。

二、实验原理

PAS染色(periodic acid-Schiff staining)又称过碘酸希夫染色,主要用来检测组织中的多糖物质,如糖原和黏液中的糖蛋白、糖脂等物质。过碘酸是一种强氧化剂,可以将糖原或多糖分子上相邻两个碳原子上的羟基氧化,形成两个醛基(CHO),这两个碳原子都不参与糖苷键的连接。形成的醛基再与希夫试剂反应,形成紫红色的化合物。细胞或组织含有多糖的部位,在PAS染色后呈现紫红色,因此PAS染色是显示细胞或组织内多糖的最直接的方法。PAS糖原染色反应被广泛地用于糖原贮积病、糖尿病的诊断和研究,以及某些肿瘤的诊断等。PAS反应原理如图18.1所示。

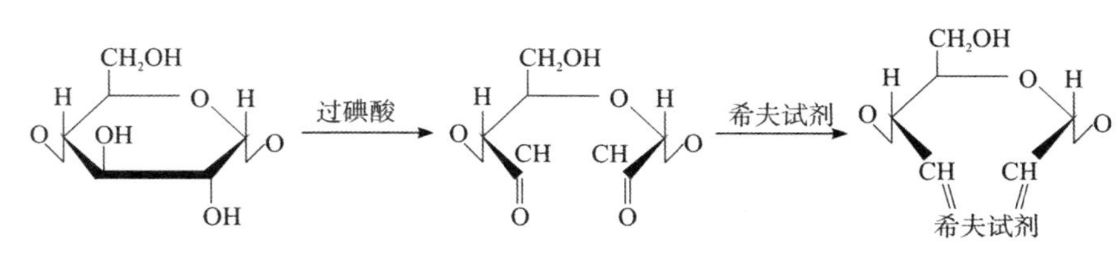

图 18.1　PAS 反应原理

三、实验器具、试剂及材料

(1)器具:显微镜、染色缸、盖玻片等。

(2)试剂:过碘酸液、希夫试剂、0.5%偏重亚硫酸盐溶液、苏木精染色液、二甲苯、酒精。

(3)材料:小鼠肝组织切片。

四、实验步骤

(1)石蜡切片常规脱蜡(①二甲苯脱蜡 10 min;②二甲苯与纯酒精等量混合液浸泡 5 min;③纯酒精,95%、85%、70%、50%酒精各浸泡 2~5 min)。

(2)蒸馏水洗 1 次,2 min。

(3)过碘酸液处理 8~10 min(对照样品不需要这一步处理)。

(4)蒸馏水洗 1 次,2 min。

(5)希夫试剂浸泡 20 min。

(6)0.5%偏重亚硫酸盐溶液洗片,3 次,共 6 min。

(7)流水冲洗 5 min,蒸馏水润洗 1 次。

(8)用苏木精复染细胞核 10 min。

(9)流水冲洗 5 min,蒸馏水浸泡 1 min,用吸水纸从边缘吸干。

(10)甘油/PBS 封片剂封片。

(11)显微镜观察。

五、实验结果

PAS阳性呈不同程度的紫红色，细胞核呈蓝色(图18.2)。

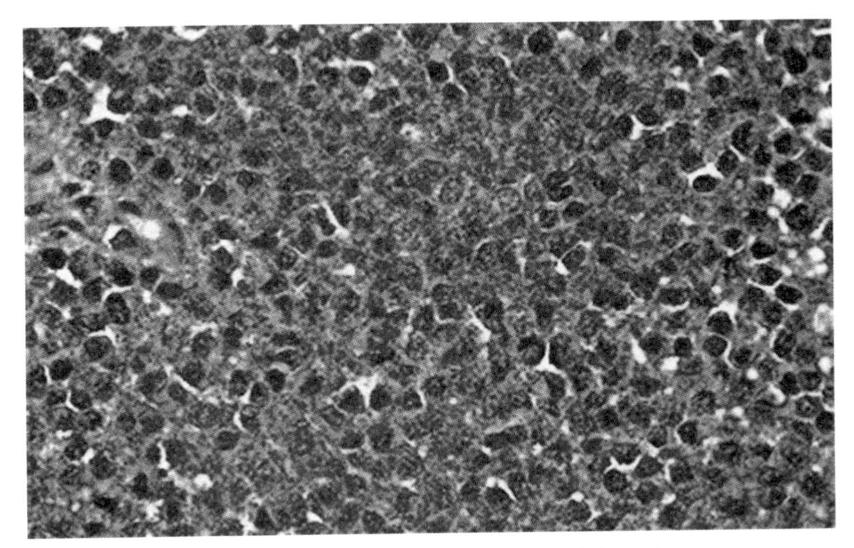

图18.2　肝脏PAS反应染色结果示意(40×)

六、注意事项

(1)过碘酸处理的时间不宜过长，否则生成的醛基会被氧化，影响显色效果。

(2)PAS反应后，因过碘酸也会氧化苏木精，影响复染效果，因而在苏木精染色前，一定要洗涤充分，去除多余的过碘酸。

七、作业

(1)描述PAS染色结果并提交照片。

(2)造成肝脏组织切片PAS染色无阳性结果的原因有哪些？

实验十九　免疫组织化学——小鼠肝脏组织血管的DAB显色

一、实验目的

(1)了解免疫组织化学的基本原理。

(2)掌握石蜡切片DAB显色的技术方法。

二、实验原理

二氨基联苯胺(3,3′-diaminobenzidine,DAB)是过氧化物酶(peroxidase)的显色底物,在过氧化氢的存在下DAB失去电子而形成棕褐色不溶性产物。DAB可用于检测过氧化物酶的活性,具有灵敏度高、特异性好的特点。如果将过氧化物酶与特异抗体偶联,与组织中的抗原结合,然后再用DAB显色,就可以对抗原进行定性和定位的分析。

三、实验器具、试剂及材料

(1)器具:荧光显微镜、水浴锅、恒温箱、盖玻片等。

(2)试剂:CD31抗体(1∶500,血管内皮细胞标记)、辣根过氧化物酶标记的二抗(1∶1000 HRP标记)、生物素标记的二抗(1∶500,Biotin标记)、SABC试剂(链霉亲和素+POD标记生物素,1∶100)、组织透化液

TBST(0.05 mol/L Tris,0.15 mol/L NaCl,体积分数0.1% Triton X-100,pH 7.6)、抗原封闭液(体积分数3%山羊血清,TBS)、抗原修复液(0.5 mol/L Tris,pH 10)、DAB显色液(含0.01% H_2O_2)、PBS、苏木精。

(3)材料:小鼠肝组织切片。

四、实验步骤

(1)石蜡切片常规脱蜡(①二甲苯脱蜡10 min;②二甲苯与纯酒精等量混合液浸泡5 min;③纯酒精,95%、85%、70%、50%酒精各浸泡2~5 min)。

(2)抗原热修复:抗原修复液置于高压灭菌锅中预热10 min,然后将切片置于修复液中,高压处理5 min,降压后取出恢复至室温(自然降温)。

(3)切片取出后用去离子水洗30 s,然后置于TBS溶液30 s。

(4)过氧化物酶灭活:晾干玻片,用组化笔将切片位置圈起来,将切片置于3% H_2O_2中处理10 min,PBS洗1次。

(5)透化:将切片置于TBST(0.05 mol/L Tris,0.15 mol/L NaCl)中透化10 min,PBS洗1次。

(6)封闭:在切片上滴加50 μL 3%的山羊血清,于恒温箱中湿盒内37 ℃封闭10 min。

(7)吸去封闭液,滴加50 μL一抗(稀释比为1∶500)至细胞表面,于恒温箱中湿盒内37 ℃孵育1 h。

(8)PBS洗3次,每次2 min。

(9)滴加HRP(稀释比为1∶1000)或生物素标记的二抗(稀释比为1∶500)50 μL,于恒温箱中湿盒内37 ℃孵育30 min。

(10)PBS洗3次,每次3 min。

(11)在生物素标记的二抗切片上滴加50 μL SABC试剂(1∶100)染色30 min,PBS漂洗3次,每次2 min。

(12)滴加DAB显色液,直至显色为止,流水冲洗2 min。

(13)苏木精复染30 s,PBS漂洗1 min。

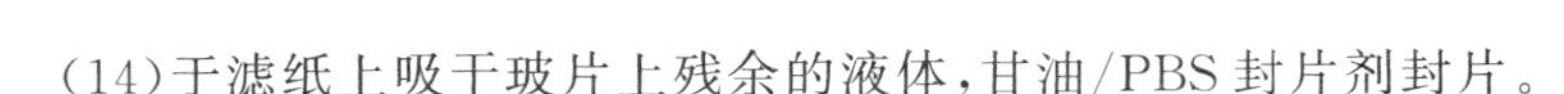
(14)于滤纸上吸干玻片上残余的液体,甘油/PBS 封片剂封片。

(15)显微镜观察。

五、实验结果

特异性抗原(CD31)阳性染色为褐色,显示的圆形中空结构即为血管,其中的细胞为血细胞,如图 19.1 所示。

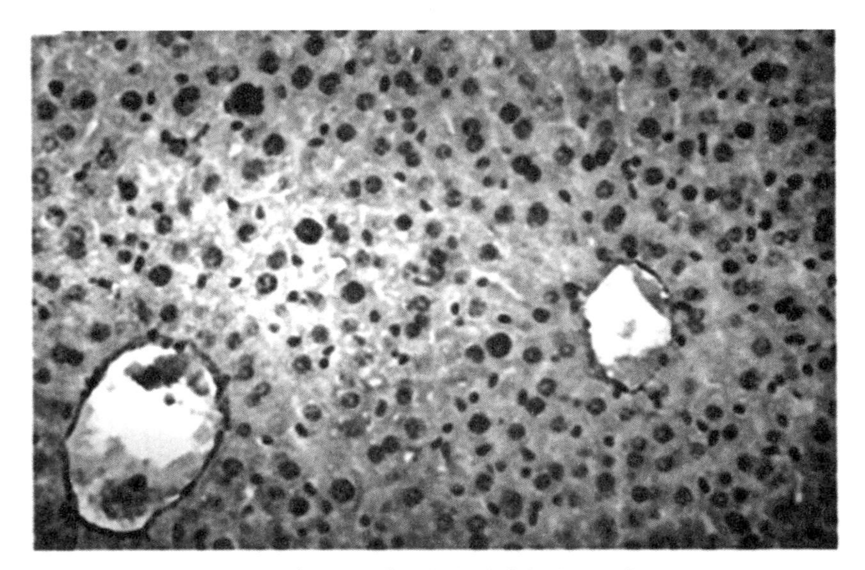

图 19.1 肝脏组织血管结构免疫染色结果示意(40×)

六、注意事项

(1)DAB 显色时间不能过长,以避免非特异性显色。

(2)DAB 在常温下不稳定,易氧化分解,要避光低温保存。此外,DAB 有一定毒性,使用时不要用手直接接触。

七、作业

造成肝脏组织切片CD31染色无阳性结果的原因有哪些？背景染色深有什么原因？

附录　电子资源

说明：电子资源包括每个实验的讲课视频以及各个实验结果的彩图，同时还有部分拓展内容。